U0489493

米莱知识宇宙

启航吧知识号

课后全方位
我要当科学家

米莱童书 著/绘

北京理工大学出版社
BEIJING INSTITUTE OF TECHNOLOGY PRESS

版权专有　侵权必究

图书在版编目（CIP）数据

我要当科学家 / 米莱童书著绘. -- 北京：北京理工大学出版社, 2025.1.
(启航吧知识号).
ISBN 978-7-5763-4577-3

Ⅰ. G3-49

中国国家版本馆CIP数据核字第202441MN24号

责任编辑：芈　岚	文案编辑：芈　岚
责任校对：刘亚男	责任印制：王美丽

出版发行 / 北京理工大学出版社有限责任公司
社　　址 / 北京市丰台区四合庄路6号
邮　　编 / 100070
电　　话 / (010)82563891(童书售后服务热线)
网　　址 / http://www.bitpress.com.cn

版 印 次 / 2025年1月第1版第1次印刷
印　　刷 / 北京尚唐印刷包装有限公司
开　　本 / 710 mm x1000 mm　1/16
印　　张 / 9
字　　数 / 170千字
定　　价 / 38.00元

图书出现印装质量问题，请拨打售后服务热线，负责调换

前言

在现代这个快速发展的社会，一切都在更新换代：手机从最初的"大块头"变成了现在这种便携的、功能强大的智能手机；马路上开始有无人驾驶的汽车了，人工智能已经发展到了更高的阶段；而互联网的发展，更是给我们的生活带来了翻天覆地的变化……

这一切，都得益于科学的发展。科学的不断进步，给人类带来了全新的生活体验，与此同时，人类通过思考、研究、创新又反过来促进了科学的进步。这样的一个过程中，"科学思维"得到了人们越来越多的重视。我们可以将科学思维理解为，人类正确地看待世界、理性地认识事物、科学地解决问题的一种思维方式。科学思维就像是一个工具，在被人类使用的过程中，助力人们去认识和改造这个世界。

可是科学思维并不是我们生下来就能拥有的，就像每一位科学家那样，我们需要通过后天的学习与训练来掌握它。你可能会以为，学习的过程一定是艰难的。其实啊，这个过程是有趣的，我们会一起带着好奇心，发现藏在生活中的科学，还可以一起看看科学家是怎样工作的。当然，很多事情都是把双刃剑，科学也不例外，我们要有一个正确的科学态度，这样才能更好地看待科学、发展自己的科学思维。我们还要把学到的这些知识运用起来，通过实践强化自己的科学素养。只有这样，我们才可以依靠自己的双手创造出属于我们的科学世界。

现在，让我们一起踏上科学思维训练之旅吧！

目录

第一章 发现生活中的科学 ······ 6
Day1 古人是怎么发现生活中的科学的 ······ 8
Day2 科学就在身边 ······ 14
Day3 看不见的科学 ······ 18
Day4 身边的科学小实验 ······ 24
Day5 如何发现身边的科学 ······ 26
章节小练 ······ 28

第二章 像科学家那样思考 ······ 30
Day1 从理性思考开始 ······ 32
Day2 观察你的四周 ······ 36
Day3 提出问题,保持好奇心 ······ 40
Day4 思考无止境 ······ 44
Day5 敢于质疑、敢于尝试 ······ 48
章节小练 ······ 54

第三章 养成好的科学态度 ······ 56
- Day1 科学改变我们的生活 ······ 58
- Day2 科学帮助人们实现梦想 ······ 63
- Day3 科学引导未来 ······ 68
- Day4 科学也有副作用 ······ 72
- Day5 从你我做起 ······ 80
- **章节小练** ······ 82

第四章 科学实践有妙招 ······ 84
- Day1 观察、记录与思考 ······ 86
- Day2 生物调查实验五步法 ······ 88
- Day3 数学是好用的思维工具 ······ 96
- Day4 从力所能及的实验开始 ······ 104
- Day5 厉害的工程学思维 ······ 108
- **章节小练** ······ 114

第五章 改变世界的科学成果 ······ 116
- Day1 发现世界的本源 ······ 118
- Day2 发现身边的科学成果 ······ 126
- Day3 认识世界和改造世界 ······ 130
- Day4 科学成果无处不在 ······ 134
- Day5 科学发展为我们带来了什么 ······ 138
- **章节小练** ······ 140

后记 ······ 142
答案 ······ 142

第一章 发现生活中的科学

你可能曾经听说过一句话:"给我一个支点,我就能撬起整个地球!"这句话出自著名科学家阿基米德之口。这句话的口气之大,听起来完全像是在吹牛,科学真有那么厉害吗?在解答这个问题之前,我先给你讲一些其他事吧!

在我还像你这么大的时候,我还没有见过手机,那时候,人们也不习惯在网络上聊天,谁想聊天,就只能直接去别人家里。后来我家装上了电话——那是一种叫座机的东西,它需要连接电线和网线,电线保证它有电,可以使用,网线将它与其他座机连接在一起。因为需要持续连接电线和网线,所以电话是不能随意移动的,更不能随时带在身边。好在科学技术的进步非常快,没多久,真正的移动电话也普及到了我家,它摆脱了线的束缚,实现了无线通话,但它的个头很大,依然不方便携带。再后来,我先后经历了小灵通、按键手机、智能手机的时代,眼看着手机的体积逐渐减小,屏幕越来越大,功能越来越多。如今,智能手机已经普及,这些手机可以随时随地连接无线网,具有非常多的功能。人们不仅可以用手机聊天,还可以用手机购物、打车、买票、传送文件、工作、打游戏……不过,实话实说,现代人有点太依赖手机了——常年低头盯着手机导致颈椎病越来越普遍,碎片化接收

信息的方式彻底改变了人们的阅读习惯……我承认，手机的正面作用和负面作用都分别够我哆嗦一天的!

言归正传，我给你讲这些事的意思是，你瞧，短短几十年时间,手机、网络的普及就彻底改变了人们的生活!我已经不记得自己有多久没去商场买过衣服了，也不记得多久没有只为了聊天而去朋友家做客了，毕竟这些事都可以舒服地坐在家里的沙发上，用小小的手机来完成!细数这些年电话的变化，我可以用天翻地覆来形容，而这些都是科学发展带来的! 科学就藏在我们的生活之中!

现在我们再回到一开始的问题，科学真有那么厉害吗？我可以负责任地说,是的,科学真的那么厉害。事实上,当年说出那句话的阿基米德也不是随便说的。他提出了著名的杠杆原理——只要支点(起支撑作用的点)、施力点(施加力量的点)和受力点(承受力量的点)都处于合适的位置上，一个人就可以撬起数倍重于他本人的事物! 当然了,现有的科技手段还没能在宇宙中找到合适的支点,但随着科学的发展，总会找到的(如果有科学家愿意找的话)!

现在我们先一起去找找生活中的科学吧!

Day1 古人是怎么发现生活中的科学的

你知道吗？科学可不是到了现代社会才出现的，在很久很久以前，古人们就已经在生活中发现过它的踪影。

小伙子，想知道它有多重其实很简单，只要用上你身后那艘船就好了啊。
啊……你是谁？
我是力大侠，所有和力有关的问题我都能解决！
真的吗？你能把船变成一个大号的秤吗？
不需要，只要利用河水的浮力，就可以知道小象的重量啦！
浮力？什么叫浮力？
落花顺着小溪漂浮，天鹅在湖面上戏水，帆船在大海中航行……这都是浮力的功劳。

浮力，一般指的是物体在液体中受到的竖直向上的作用力。任何一个物体落入水中，都会受到浮力的作用。
浮力
谁掉下来我都托着！
让一让呗？
物体放入水中的时候，会把水“挤走”。
让我进去！
我就不！
为了不被物体“挤走”，水会用尽全身的力气奋起反抗。
当物体浮在水中且保持静止不动的时候，浮力的大小就等于物体重力的大小。
那怎么能知道浮力的大小呢？
船会告诉你的！
啊？
问我，问我，我知道！

这是一个复杂的计算题，由我来帮你解决吧！

这么难啊……

那我应该怎么计算呢？

船体下降的深度，叫作"吃水深度"。吃水越深，浮力就越大。

先量一下这个船有多长……再量一下这个刻痕有多高……

嗯……

我知道了！

啊？我还没算出来呢……

吃水深度 = 吃水深度

我们用这些石子把船填满，让船回到小象在船上时的吃水深度，这样，船上的石子有多重，就等于小象有多重了，对不对？

哇，聪明！我都没想到！

说干就干！

太好了，我可以救你了！

欸，你是谁？你们为什么往船里放石头呢？

我是来帮你们给小象称重的。

那么你们是怎么算出来的呢？

这可是一个复杂的问题，要从浮力说起……

江湖往事

这篇小故事改编自三国时期著名的故事——曹冲称象。其实，曹冲称象并不是古代中国唯一利用浮力原理测量物体重量的故事。早在春秋战国时期，燕昭王得到了一只大野猪，燕昭王非常高兴，养了它很多年，野猪长得越来越大，可是折断了很多秤杆也称不出大野猪的重量。于是，燕昭王命令仆人把大野猪放到了船上，用浮力得出了大野猪的重量。可见，古人对于浮力在生活中的应用已经有了一定的掌握。

为什么有的东西能浮在水上，有的东西会沉在水里？

虽然水中的物体都受到浮力的影响，但你一定也发现了一些不同：一艘船可以漂在水面，一块石头却会沉在水里，或者说，同样的物品，在这片河流里会沉底，但在另外一片湖里却能浮起来，这究竟是怎么回事呢？

世间万物都是由很小的微粒组成的，这种微粒一般称为"分子"。水也是由无数水分子组合而成的。

分子在不同物质中的分布是不同的。西瓜和足球看上去一样大，但西瓜却比足球重得多，这是因为西瓜内部的分子多，足球内部的分子少。

分子分布的平均疏密程度叫作密度。如果固体的密度大于水的密度，就会沉底；如果固体的密度小于水的密度，就会浮在水面。

液体的密度越大，浮力就越大；液体的密度越小，浮力就越小。亚洲西部有一片"死海"，因为密度很大，人可以不借助任何设备就浮在水面上。

主编有话说

其实，浮力只是生活中常见的一种力，在物理学中，人无时无刻不受到力的影响，这些力的种类和方向都不一样，对人产生的影响也各不相同。

Day2 科学就在身边

现在,让我们回忆一下早晨上学路上的场景吧!你能听到小鸟在树上唱歌,也能听到汽车在路上鸣笛,那么,这些声音到底是怎么出现的呢?

风吹过营帐,是帆布振动的声音。

人敲动战鼓,是鼓面振动的声音。

乐器也是这样的。

当我们拨动弦乐器琴弦的时候,琴弦就会快速振动起来,发出声音。如果让琴弦停止振动,声音也就消失了。

当我们向管乐器中吹气时,管乐器内部的空气会受气流影响而相互撞击,从而产生振动,发出声音。

为什么每个人说话的声音都不一样？

这就要从人体构造说起了。每个人的喉咙中都有两片薄薄的肌肉，这两片肌肉虽然看上去不起眼，但它们却组成了人体唯一的发声器官——声带。当人说话的时候，气息会穿过声带的缝隙，使声带发生振动，再加上唇、齿、舌的配合，就能发出声音了。

那么，为什么每个人说话的声音不一样呢？这是因为每个人声带的长短、薄厚都不尽相同。一般来说，大部分男性的声带长而宽，所以声音听起来低沉厚重；大部分女性的声带短而狭，所以声音听起来高亢纤细。

可是，人的声音并不是一成不变的。每一个 13~16 岁的青少年都会经历一个"变声期"，在这个阶段，人的声带会充血、水肿，导致喉咙不适，说话声音也很嘶哑。大部分情况下，男生的声音变化会比女生明显。在变声期内，要多喝水，控制说话音量，才能保证声带不会受到损伤。度过变声期后，人们就能拥有更加饱满、更加好听的声音了。

危险的轮胎

温度也是生活中肉眼不可见的事物之一,但我们的身体却能对冷热变化做出反应,同样,那些看起来一成不变的物质,其实也会跟随温度变化而变化!不信的话,就来看看我朋友最近的经历吧!

今天遇见了一件倒霉事。我在路上一边散步一边吃雪糕,身边的一辆小汽车突然歪七扭八地朝着我撞了过来。要不是我躲得快,现在就要被撞成纸片人了。

开车的司机也吓了一跳,不知道他的车为什么会失控。我仔细一看,原来是这辆车的轮胎爆裂了。爆胎是造成交通事故的主要原因之一,会给车辆和行人带来很大的危险。

那么,为什么会发生爆胎呢?

别看汽车的轮胎不起眼,其实,轮胎可是非常娇贵的"小公主",如果车上装载的东西太多,车辆超重,轮胎承受不住,就会发生爆胎;汽车在高速行驶的过程中突然刹车,轮胎承受了巨大的摩擦,也会发生爆胎。除此以外,还有一个会导致爆胎的重要因素,那就是温度。

物理学中有一个常见的现象,叫作"热胀冷缩"。当温度升高时,物体受热,体积就会慢慢膨胀起来;当温度降低时,物体受冷,体积就会慢慢缩小。

"热胀冷缩"究竟是怎么一回事呢?物体内分子、原子的运动速度是会受到温度影响的。温度升高时,它们的运动速度就会变快,运动的范围也会变大。

就拿轮胎来说吧。在温度正常的时候,轮胎里的气体分子就像是在慢悠悠地散步,虽然空间不大,但是大家并不觉得拥挤、闷热。可是,一旦温度变高了,气体分子开始乱窜,想要离开闷热的轮胎,冲到外面去"凉快一下"。由于轮胎内原有的空间不足以让气体分子自由活动,就只能通过爆炸来释放压力了。

所以,在夏天千万不要往汽车或者自行车轮胎里打太多的气,否则很容易就爆胎啦。

秘密日记

任何事物都逃不过热胀冷缩的规律,只是程度大小的问题。利用这个规律,我们可以轻松地给番茄去皮——用热水烫一下。番茄的果肉比外皮更容易受热膨胀,在被热水浇灌之后,会膨胀到撑裂外皮。因此,烫后再去皮就方便多了!

Day3 看不见的科学

生活中，有很多东西我们习以为常，但却看不见、摸不着，比如……

我是互联网超人，是你身边的"大网"！

你是谁？

网？我怎么
看不见？

其实，空中和地下都
布满了一种网，只是
人们没有注意到而已。

户外广告屏、监控、摄像头、
手机，甚至共享单车的车
锁，都是这张网上的节点！
哇，这么
复杂？！

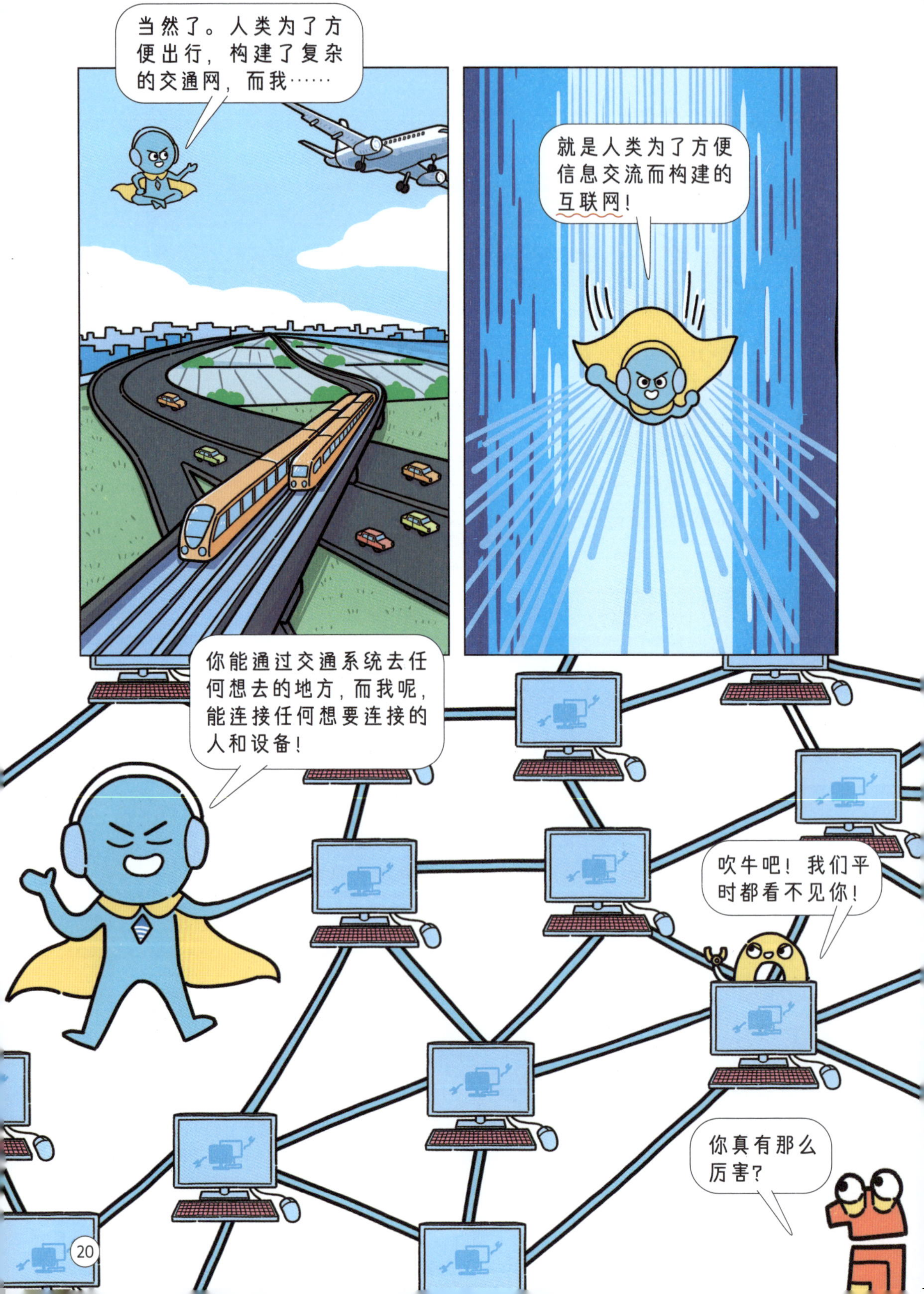
当然了。人类为了方便出行，构建了复杂的交通网，而我……
就是人类为了方便信息交流而构建的互联网！
你能通过交通系统去任何想去的地方，而我呢，能连接任何想要连接的人和设备！
吹牛吧！我们平时都看不见你！
你真有那么厉害？

我能让隔着大洋的两个人面对面通话！

我还能让大气层外的卫星给人们提供定位服务！

上网课时，我能连接老师和学生。

购物时，我能连接商家和顾客。

购物车

¥111

¥499

点外卖、看新闻、打网游，全都离不开我！

看不见的东西，还能有这么多用途？

互联网真的有它自己说得那么厉害吗？互联网到底有什么用呢？我们一起来看看吧！

| 远程指挥挖掘机 | 港口的货物装卸 | 精细的远程外科手术 | 身临其境的 VR（虚拟现实）直播 |

互联网不仅可以进行云计算和云存储，还可以上传照片、日记和本地磁盘放不下的大文件！

备份副本

云

安全高效

云存储

云计算

人类的生活方式因为我而改变！我相信，我能做到的事情还有更多！

那我就拭目以待啦！

找一找，你身边
还有哪些看不见、摸不着，
但很有用的事物？

和互联网相似的东西还有很多，它们看不见、摸不着，但是很有用！

是什么支撑着人类，使他们没有倒下？

你为什么能听到小鸟在唱歌？

是什么使你感到冷或者热？

一刻也不停地呼吸，到底吸入了什么？又呼出了什么？

这些事物到底是什么？
真的无法被"看到"吗？

Day4 身边的科学小实验

跟我一起做一个趣味小实验吧，我保证，实验结果会让你惊奇！

用橡皮筋把塑料膜绷在小瓷碗口上，把塑料膜整理平整，把一小勺盐粒均匀洒在塑料膜上。把另一只碗的碗口朝下，倒扣在桌面上，两只碗靠在一起。嘴靠近碗口，大声喊出"我最厉害"。观察一下，塑料膜上的盐粒有什么变化？用勺子敲击倒扣着的碗，塑料膜上的盐粒有什么变化？

**盐跟着你的敲击，跳起来了！
这背后其实隐藏着一些小知识。**

当你对着盐粒喊叫时，声音会产生看不见的波纹，这就是"声波"。声波拥有能量，所以才能让盐粒跳动。当你敲倒扣着的那只碗时，声波就顺着碗壁跑到了另一只碗上，让盐粒跳了起来。这就证明声音可以在固体中传播。

主编有话说

声音不仅可以在空气中传播，还可以在液体、固体中传播，我们把可以传播声音的物质称为"介质"。在真空中，因为缺乏传播介质，所以声音无法传播，在没有空气的太空里，周围总是静悄悄的！

从力所能及的实验开始

"眼过千遍不如手过一遍",现在该你"表演"啦!想要探究科学,做实验是怎么也绕不过去的!我给你准备了几个很适合你的实验,快来试试看吧!

来做实验吧

第一篇

> 白色的阳光能变出七种颜色,我能不能变出谁都没见过的新颜色呢?

颜色发明家

准备红色、绿色、蓝色、黄色四种水彩颜料,尝试着把它们混合在一起。

> 怎么所有颜色都是我见过的?为什么不能调出一种新颜色呢?

红色和黄色混在一起,是什么颜色?
蓝色和红色混在一起,是什么颜色?
黄色和蓝色混在一起,是什么颜色?
绿色和黄色混在一起,是什么颜色?

Day5 如何发现身边的科学

答 相信你对看不见、摸不着的东西已经有了一定程度的了解，而这些背后所隐含的都是科学。当然了，科学也并非全都"隐形"，很多显而易见的现象里也有科学的踪影。可是，科学就像一个喜欢捉迷藏的孩子，如果你不花点儿心思找它，它是不肯出来的！

和科学这个"孩子"打交道不是靠体力，而是靠智慧。如果你平时不爱学习和思考，你可能一辈子都找不到它。相反，如果你善于观察，善于思考，你就会不时地与它相遇。假如你在吃饭的时候琢磨起筷子怎么能夹住食物，在脱衣服时想到为什么会产生噼里啪啦的火花……这时科学就会战战兢兢，开始担心自己被发现了。如果你浅尝辄止，到这里就不再深入了，那就相当于打草惊蛇，科学立刻就会换个地方重新藏起来。

如果你还想找到它，就需要学会另一个方法，那就是思考。

思考与观察同样重要。科学很喜欢善于思考的人，

我发现了！

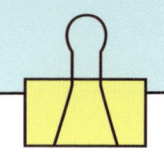

你尽可以天马行空地想象，提出一种你认为合理的假设。接下来，你要开始证明这个假设，不管是通过实验，还是通过计算，只要你能证明自己是对的，科学就无处可逃了。不过，要证明自己是对的并不容易，更别说人们总是在犯错了！

即使你历经千辛万苦终于发现了科学，也万万不能掉以轻心，你要牢牢抓住自己找到的线索，继续往深处研究，往远处研究，往高处研究，直到你的研究再登上一个阶梯，发现一个崭新的世界，你就能再次抓到科学。

这听起来很难，但也不要害怕，不妨从身边的小事开始着手吧！我先前已经给你讲过，著名科学家阿基米德通过观察洗澡时溢水的现象，发现并利用浮力识别出了造假的王冠。你耳熟能详的那些科学家，往往也是从生活入手从而得出了伟大的结论。

有一句话说，"世界上本不缺少美，只是缺少一双发现美的眼睛"，同样，世界上本不缺少科学，只是缺少一双发现科学的眼睛。

现在就和我一起，开始发现科学之旅吧！

EXERCISE 章节小练

选一选

01 水拥有（　），所以可以使一些物体漂在水上。

　　A. 重量

　　B. 浮力

　　C. 重力

四年级 科学

02 （　）可以改变水的浮力大小。

　　A. 改变水的密度

　　B. 改变水的重量

　　C. 改变水的方向

八年级 物理

03 声音是通过物体（　）产生的。

　　A. 抖动

　　B. 震动

　　C. 振动

八年级 物理

填一填

04 （　）不是互联网的功能。

　　A. 云存储

　　B. 存储电子照片

　　C. 存储食物

初中 信息技术

05 同样大小的西瓜比足球重得多，是因为西瓜的密度更 _____ ，足球的密度更 _____ 。

八年级 物理

06 物体受热时会 _____ ，遇冷时会 _____ 。

三年级 科学

第二章 像科学家那样思考

你是不是设想过,未来要成为一名科学家?你心中的科学家是什么样子的呢?是一直都穿着白大褂,还是都戴着一副厚厚的眼镜?哈哈,其实科学家们可能会穿着白大褂,也可能穿着休闲装,可能留着短头发,也可能梳着马尾辫,他们有着不同的外表。不过你要注意了,所有的科学家们都有这样的一些共性。

首先,科学家们都十分理性,他们在思索一件事情时,可以根据自己平时的观察经验和思考来解释问题,而不会轻易地被其他无关因素影响。其次,很多科学的发现和研究都是先从观察生活开始的,科学家们要有一双善于观察四周的眼睛,发现生活中的隐藏着的科学现象。可是光观察还不够,科学家们还保持着一颗好奇心,他们会针对这些现象提出问题,然后正式开始他们的科学探究。在这个过程中,科学家们将会面对一个又一个难题,这些难题触发了他们不间断的思考,然后在思考中想出新的结论和方法。然而,有的时候前人的成就会从一个指向标变成阻挡后人前进的一座大山,在尝试翻阅这座大山时,

科学家们就要敢于犯错、敢于质疑。因为在人类探索世界的道路上，总是逃不过从错误认识到正确认识的转变。只有像科学家们那样，善于观察、思考，敢于犯错、质疑，才能推动这个社会的发展。

科学家们还有许多个人魅力，你可以去认识他们，然后和他们做朋友。那么现在你准备好了吗？让我们一起像科学家那样思考吧!

Day1 从理性思考开始

文字为什么会跑到纸上?
树木为什么会变成纸?
一粒小小的种子为什么可以长成参天大树?
当你试图回答这些问题时,
恭喜你,你已经迈出了成为科学家的第一步——理性思考。

图腾

神明

在人类刚刚出现的时候,还没有可以被称之为科学的事物。随着人类的进化,人们学会了用火,学会了耕作农田和圈养家畜,但是对大自然的各种现象还都不太了解,看到闪电可能还以为是天神在打喷嚏。对于那些不知道背后原理的现象,人们将其产生的原因归结到动物身上:别看这些动物不会说话,也许它们正静悄悄地观察着我们呢!越来越多的人开始相信动物拥有神秘的力量,并且将它们的形象艺术化,图腾便逐渐形成了。

就像相信图腾拥有神秘的力量一样,曾经的人们相信神明也掌握着巨大的力量。当人们遭遇可怕的灾难时,会向神明祈求庇护和拯救。当人们渡过灾难之后,更加坚信是看不见的神明帮助了他们。

巫师

泰勒斯

　　为了能够更好地和神明（以及其他神秘力量）交流，那些声称自己与其他人不同的巫师出现了。在需要的时候，他们通常会一边念念有词，一边手舞足蹈地施展巫术。

　　有些巫师就是纯粹的骗子，但也有些巫师可以配出药水治疗病人，可惜他们自己也不一定明白那些药水为什么可以治病。

　　直到有人提出问题，并且试图用超自然之外的方式回答它，科学才有了诞生的可能。

　　古希腊有一位喜欢观测星空的名叫泰勒斯的老先生，他提出了一个问题："世界由什么组成？"最重要的是，他拒绝用图腾、巫术等"超自然"的说辞来回答，而是根据自己平时的观察经验和理性思考来解释问题。科学就这样诞生了。

不仅西方的泰勒斯喜欢观测星空，
古代的中国人也很喜欢盯着日月星辰看，
甚至还设置了一些专门观测天象的官职和机构。
一起来看看他们都观测到了什么吧！

假设你穿越回古代的某一时间，正赶上一件奇怪的事。刚刚还是晴天白日，转眼太阳就被一团黑乎乎的东西一点点地挡住。天色马上就变暗了，满城人纷纷跑出来，敲锣打鼓放鞭炮，个个神色慌张地喊着"天狗食日""赶走天狗"……原来，他们认为太阳被"天狗"吃掉了，要把它驱赶走。不仅如此，这只天狗有时晚上还会跑出来吃月亮。

是不是觉得这很荒唐？那不过是发生了日食而已。可古人并不知道这些现象是怎么发生的，可贵的是古人把它们一一记录下来，供后人研究。我们把几千年来古人记录的重要天象作了个总结。今天的你，对这些天象一定比古人懂得更多。

日食

日食，又叫日蚀，是因为月球运行到太阳和地球中间，三者处于一条直线时，月球挡住了太阳射向地球的光，月球的黑影落在地球上，发生日食现象。

日偏食
太阳光的一部分被月球遮住。

日环食
太阳的中心部分被月球遮住，边缘仍然明亮，形成光环。

日全食
日食的一种，能看到太阳光被月球全部遮住。

月偏食
月球的一部分进入地球的阴影，就会看到月亮像缺了一块。

月全食
月亮全部进入地球的阴影。

月食

月食是月球运行到地球的阴影中，太阳、地球、月球三者处于一条直线，射向月球的光被地球挡住，就会发生月食现象。

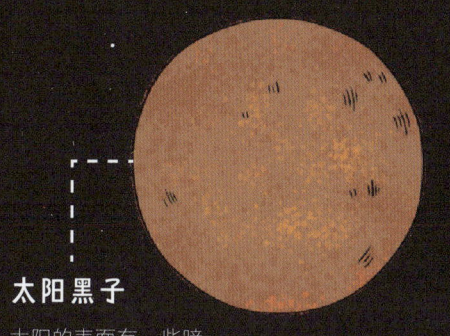

太阳黑子
太阳的表面有一些暗的区域，看上去像一块一块的黑点，就是太阳黑子。

流星
经常在夜空中，划过天空的明亮天体。

彗星
拖着长长的尾巴在天空中运行。

新星爆发
偶然出现在天空中的明亮的星星。

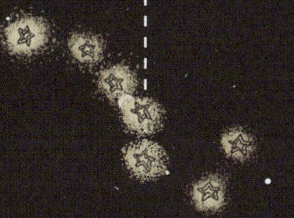

北斗七星
北斗七星是天空中的七颗星星，它们一起组成一个勺子形状。

北极星
天空中最靠近北天极的一颗星，所以看起来一直在北方保持不变。

> 可别搞错了，古代人只是记录了现象，这些知识是我为了方便你理解才加上去的！其实古人搞不清这些天象背后的真实原理，反而把它们当作一些好事或坏事的预兆，这是没有根据的。正是后人保持着理性思考才打破了曾经的误解，让人们对世界的认识更进一步！我也需要你时刻谨记，保持理性思考是开启科学探索的第一步。

秘密日记

Day2 观察你的四周

对于现代人来说，观测天象或星球往往需要昂贵的设备，如果你暂时还没有这些设备，也不用难过，就像我一直在强调的一样，日常生活中其实隐藏了很多科学知识！来看看我最近从朋友那里听到的故事吧！

主编有话说
这就是瓦特改良后的蒸汽机哦！

杠杆
等臂杠杆的动力臂和阻力臂相等，既不省力，也不费力。

锅炉
水被加热之后就能产生蒸汽。

活塞
活塞运动可以带动上面的木杆运动，进而引起杠杆运动。

火
燃烧可以产生热能。

气缸
蒸汽推动活塞运动，在这里，热能转换成了机械能。

把冷凝器单独分离出来，减少了热量损失，是瓦特对蒸汽机的重点改良之一。

冷凝器
通过排出冷水迅速降温，使蒸汽冷却液化成水。

有传言称，能工巧匠瓦特能够改良蒸汽机与茶壶有很大关系。传言内容如下：瓦特小时候看到火炉上有一壶水刚刚烧开，他发现，此时茶壶的盖子在不停地跳动，周围还冒出水蒸气，由此，小瓦特得到启发，想到利用蒸汽的力量做动力，并在日后发明了蒸汽机。

也有人说，这件事是假的。不过这不重要，重要的是，茶壶里确实隐藏着与蒸汽相关的科学知识！如果你是个善于观察和思考的孩子，沿着这条线索研究下去，真的有可能取得成就！至于我为什么这么说，你学习一下蒸汽机的原理就知道了。

杠杆的支点

摇杆
杠杆的运动会带动摇杆运动。

齿轮
摇杆连接着齿轮，带动齿轮转动，进而带动飞轮转动，多么精妙的机械运动！

发明离心调速器，使蒸汽机由手动变为自动，也是瓦特对蒸汽机的重点改良之一。

离心调速器
小球旋转带来离心力。

飞轮
轮子很大，所以惯性很大。一开始启动会比较困难，但一旦启动，会越转越快，越转越省力。

水泵
把冷凝器中的水和空气及时抽出来，排走。这些水会再次顺着管道进入锅炉，实现循环利用。

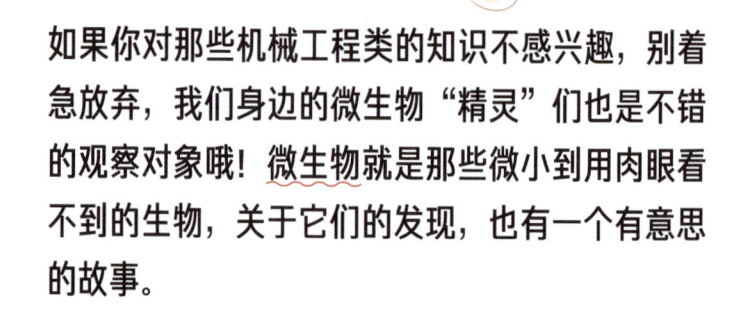

如果你对那些机械工程类的知识不感兴趣,别着急放弃,我们身边的微生物"精灵"们也是不错的观察对象哦!微生物就是那些微小到用肉眼看不到的生物,关于它们的发现,也有一个有意思的故事。

17世纪,荷兰有一位名叫列文虎克的透镜制作者,他凭着自己的勤奋和独特的才干,制造出了当时世界上最好的显微镜,可以将物体放大将近300倍!

不过,磨制透镜并不是终点,而是列文虎克观察之旅的起点。与我们印象中的科学家不同,列文虎克没有立即去观察动物和植物,而是开始观察自己的日常生活,比如,他经常拿着显微镜观察光。

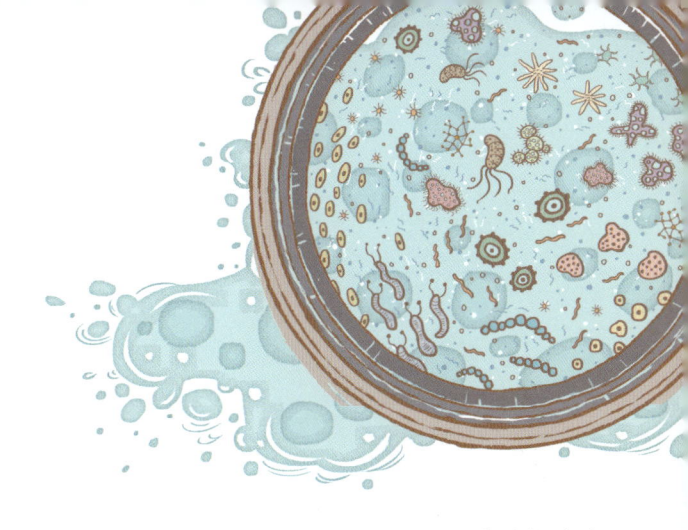

▶ **随手小记**

什么是显微镜？

显微镜是由一个或几个透镜组合在一起制成的光学仪器，可以将微小的物体放大成百上千倍。

虽然对着光没有观察出什么，但列文虎克的好奇心依旧旺盛，他开始观察水滴——这次还真让他观察到了不得了的东西！列文虎克观察到了微生物！他曾这样描述："它们小得不可思议，如此之小……即使把一百个这些小东西撑开摆在一起，也不会超过一颗粗沙子的长度……"

就这样，列文虎克彻底打开了微观世界的大门，为后来人们对于微生物的研究奠定了基础。就是这件事让我明白了观察生活的重要性，而我现在把它转述给你，想提醒你保持好奇心，保持对生活的观察。

- **目镜** 用眼睛进行观察，有放大作用
- **镜筒**
- **物镜** 有放大作用
- **载物台** 放置观察物
- **通光孔** 让光线通过
- **反光镜** 让光线反射进通光孔

显微镜

Day3 提出问题 保持好奇心

想象一下，如果在你看到苹果落地的时候，产生了"为什么苹果会落到地上，而不是飞到天上"的疑问，然后努力研究，发现万有引力定律的人就有可能是你！

我们之所以能站在地球上，是因为地球对我们的引力，我们将这种引力称为重力。

没有了重力，你就会像我一样飘在空中，这就叫失重。

关于保持好奇心的科学家的故事，最出名的莫过于牛顿被苹果砸到头，继而发现万有引力的故事了。这件事听起来既有趣，又振奋人心，但是很遗憾，我必须告诉你，这件事是假的。

瓦特没有从被蒸汽顶开的茶壶盖上获得启示，牛顿也没有被苹果砸过脑袋，但不可否认的是，"苹果会落到地上，而不是飞到天上"这件事，确实是牛顿发现的物理定律——万有引力定律在日常生活中的一种表现。

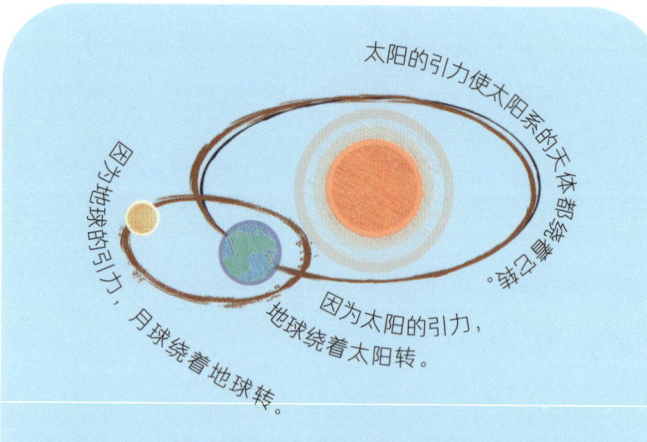

太阳的引力使太阳系的天体都绕着它转。

因为地球的引力，月球绕着地球转。

因为太阳的引力，地球绕着太阳转。

万有引力定律指的是任何有质量的两个物体之间都存在相互吸引的力，这个力叫作引力，质量越大，引力越大；距离越近，引力越大。

星球的形成也得益于万有引力。宇宙中的微小物质因为引力聚集在一起，经过上亿年的演变，最终形成了大大小小的星球，地球也是这么形成的。

除此之外，牛顿还取得了其他杰出的成就，比如大名鼎鼎的牛顿运动定律：牛顿第一运动定律、牛顿第二运动定律和牛顿第三运动定律。

牛顿第一运动定律

▶ 生活中的任何物体，在没有受到力的作用时，只能保持两种状态：一种是不停地做匀速直线运动；

> 我现在的速度是三米每秒，只要没人碰我，我将一直按照这个速度跑下去！

▶ 一种是完全的静止。

> 我现在是静止状态，只要没人碰我，我将一直保持静止！

▶ 但是，一旦被外力干扰……原来的运动状态就会改变。

> 我动起来了！
> 我停下了！

牛顿第二运动定律

▶ 对于质量不同的两个物体来说，受到相同的作用力之后，质量更小的那个得到的加速度更大。

▶ 加速度可以改变物体运动的速度，加速度的方向跟物体运动的方向相同时，会加快物体运动的速度；相反时，会降低物体运动的速度。在牛顿第二定律中，加速度的方向跟作用力的方向相同。

▶ 对于质量相同的两个物体来说，在受到的作用力不相同的情况下，受到的作用力越大的那个，得到的加速度也就越大。

> 哈哈，我力气大！

牛顿第三运动定律

▶ 力的作用是相互的。

▶ 当你对一个物体用力时，其实对方也会对你产生反作用力。

▶ 作用力和反作用力的方向相反、大小相等，并且在同一条直线上。

▶ 所以说，你在打别人的同时，别人也在"打"你。

编辑姐姐，您好！

　　我是乐乐，看了您的书之后很受鼓舞，决定开始观察身边的事物，也许我会有什么了不起的发现呢！

　　今天我观察了我家的花园，里面种了好多花：月季、丁香，还有好多我叫不上名字的漂亮植物。我最喜欢花园里的那株玉兰树，因为玉兰花实在是太漂亮了！让我想想……它们就像……就像是一个个白色小酒杯挂在树上，真希望您也能看见！

　　可是与此同时，我发现了一件很奇怪的事，花园里的其他花，不管是红的、黄的、粉的，还是别的颜色的，全都有叶子，唯独玉兰花没有叶子，我想了很久也没有想明白，玉兰花难道不觉得孤单吗？

　　要是您能解开我的疑惑就好了。

喜欢玉兰的乐乐

观察身边的植物：
玉兰花为什么没有叶子？

只要一直保持观察和提问的习惯，你会发现，这个世界上有很多需要解答的问题。

　　瞧，只要愿意观察，我们身边到处都隐藏着知识！

　　玉兰是会长叶子的，只是会晚一些，它是一种先开花后长叶的植物。因为玉兰花的叶芽比花芽喜欢的温度更高，所以春天开花的玉兰，要到天气更暖和之后才会长出叶片。

　　那么，玉兰花还有什么不为人知的秘密呢？不妨试着观察一下吧！

我的玉兰观察笔记

会"荡秋千"的种子

玉兰果实成熟以后,果皮裂开,包裹在里面的种子就会露出来。这时,鸟儿会来觅食,顺便帮助玉兰传播种子。

玉兰的种子可聪明了,为了吸引鸟儿的注意,它们可不会让自己掉落到地上,而是会用一根长长的丝将自己和果蒂牢牢地连在一起,等着鸟儿来吃。鸟儿吃了种子,拉便便的时候会把种子排出来,也就间接地帮助玉兰传播种子了。如果有风吹过来,吊着丝线的种子就会晃晃悠悠地荡起秋千。

这是我做的玉兰观察笔记,希望你可以学到更多知识!
或许,你也可以学着我做一份观察笔记。

"十月怀胎"的玉兰花苞

秋天的玉兰树上,除了果实之外,还能看到一些毛茸茸的像毛笔头一样的花苞,这些花苞可不是在当年秋天绽放的,它们会静静地待在枝头,一直到第二年春天来临。所以,每年春天,我们看到的玉兰花苞经历了"十月怀胎",才孕育出了美丽的花朵。

千姿百态的玉兰果实

夏秋季节,玉兰的枝叶间会挂着一大束一大束粉色的果实,果实会长成奇特的形状,有时会像小动物,有的像小狗,有的像小鸡……多么神奇的大自然!

玉兰全身都是宝

玉兰是插花的优良材料。玉兰的花瓣中含有芳香油,是提取香精的原料,另外,玉兰的花瓣可食用,香甜可口。种子可榨油,木材可供雕刻用。

思考是没有止境、没有尽头的，现在的我们坐拥前人的科学技术成果，就是"站在巨人的肩膀上"，这可以使我们思考那些更加难懂、深奥的东西。还记得瓦特改良了蒸汽机吗？这种蒸汽机一开始是没有理论基础的，但后来的科学家们通过研究瓦特的蒸汽机，逐渐打开了一个难懂但十分重要的能量世界的大门。

Day4 思考无止境

利用蒸汽受热膨胀的原理，气缸中的蒸汽可以推动活塞进行上下往复的运动，这时候，蒸汽中的热能就转换成了活塞运动的动能。这说明不同类型的能量之间是可以相互转化的，而具体多少热能可以转化为多少动能呢？英国物理学家焦耳在做了一系列实验后得出了一个计算公式，我们后来将其称为热功当量。

1847年，德国物理学家赫姆霍兹提出一个理论：自然作为一个整体，拥有的能量不可能增加，也不可能减少。将这个理论与热功当量结合之后，就形成了著名的热力学第一定律——热量可以从一个物体传递到另一个物体上，也可以与其他能量相互转化，但在转化的过程中，能量的总值是不会变的，也就是我们熟知的能量守恒定律。

一个问题，两个答案

现在你已经懂得了发散式联想和无止境地思考两种思考模式了，但这还不完整，还有一种很费脑力但十分好玩的思考方式——辩证地思考。你可能已经在课本上了解过进化论了，但是你知道吗，历史上不同的科学家曾提出了不同的进化论，而且它们之间的区别非常微妙。现在，你来看看从同一个问题进入，却从不同的答案走出是什么感觉吧！

在蒸汽机中，充满热量的蒸汽进入冷凝器后会迅速变冷，甚至冷却凝结成液体。在这个过程中，蒸汽的热量损失了，那么，为什么冷水中含有的少量热量没有传递给蒸汽，使蒸汽变得更热呢？实验证明这是不可能的，热不能自己从一个温度较低的物体转移到一个温度较高的物体，这就是著名的热力学第二定律。

法国博物学家拉马克曾提出一种进化观点：

1. 用进废退

拉马克认为，生物产生变异的原因在于生物本身的需要。一种生物如果经常使用身体上的某些构造，它们就会进化；总是不用，则会导致它们退化。比如长颈鹿为了吃到高处的树叶而不断伸长脖子，久而久之，长颈鹿的脖子就变长了。

2. 获得性遗传

脖子变长的长颈鹿可以将长脖子的特征遗传给自己的下一代，使后代都变成长脖子。

英国生物学家达尔文曾提出另一种进化观点：

1. 过度繁殖

达尔文认为，地球上的生物普遍具有很强的繁殖能力，在理想环境下，这些生物很快就会数量过剩。

2. 适者生存

由于繁殖过度，同一种生物，也要为了抢夺有限的资源而争斗，争斗中，那些因为环境而产生有利变异的生物将获得优势。比如长颈鹿中本来有脖子较长的，也有脖子较短的，脖子较长的长颈鹿可以吃到树木高处更加鲜嫩多汁的树叶，所以身体更强壮，更容易打败对手。获胜的长脖子长颈鹿赢得了繁殖后代的权利，就会把长脖子的特点遗传下去。这样一来，适应环境的生物生存下来，不适应者则被淘汰。

3. 自然选择

适者生存、不适者被淘汰，长此以往地进行下去，就是自然选择的结果。虽然"适者"的变异不一定是最好的，但一定是最适合当时环境的。

虽然我们大多支持达尔文的观点，但是把理解两种进化论的不同作为一种思维训练，可以很好地帮助你强化科学思维的能力哦！

要思考

探究科学的方法有很多，

但追究其根源，都逃不开思考，

甚至科学的起源也是因为人们开始理性思考。

那么，对于现在的你来说，

要怎么去做思考这件事呢？

从生活出发，你可以思考一些常见的现象，比如，飞机为什么可以飞行？

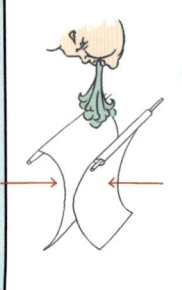

答 我们不妨先来做一个实验：拿出两张纸，竖着放在嘴巴前面，往两张纸中间用力吹气，注意观察，两张纸不仅没有被吹到两边，反而相互靠近了。这就是飞机飞行的原理，我们称之为**伯努利原理**，其所阐述的内容是，在水流或气流里，如果水流或气流的流动速度小，压强就大；如果流动速度大，压强就小。

当我们在两张纸中间吹气时，中间的气流速度就大，压强就小，而纸张外面的空气没有流动，压强就大。所以，并不是我们把两张纸吹到了一起，而是外面的空气把两张纸压在了一起。

飞机的飞行也利用了伯努利原理，这点体现在机翼上。现代飞机的机翼上下是不一样的，这样就会使机翼上方的空气流动速度比下方的快，而我们知道，流速越快，压强越小，所以机翼下方的空气压强要大于上方压强，这样一来，下方的空气就会把飞机"抬"起来。

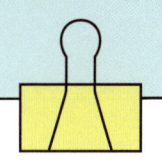

从逻辑出发，
你可以思考一些系统性的难题，
比如，
　人类是如何演化来的？

1 最早的生命就是一个简单的细胞，叫作单细胞生物。

2 单细胞生物逐渐演变成各种各样比较复杂的生物。随着海洋环境的复杂化，长出颌骨并开始主动捕食的生物逐渐占据了优势。鱼类是最早长出颌骨的生物。

3 海洋中各种生物弱肉强食，竞争非常激烈，这时候长出四肢爬上陆地不失为一个妙招。于是，鱼类爬上陆地，逐渐进化成了两栖动物。

4 两栖动物还不能完全适应陆地生活，小时候必须在水中生活，长大后也必须在水中产卵。为了更好地适应陆地缺水的环境，不再依赖水环境的羊膜卵（就是我们常说的蛋）出现了。爬行动物凭借羊膜卵在陆地孵化，脱离了水环境，完全适应了陆地生活。

5 哺乳动物可以维持自己的体温，对环境的依赖性更弱。

6 灵长类哺乳动物拥有更高的智商，逐渐从哺乳动物中脱颖而出。

7 当动物开始直立行走，并且学会制造和使用工具之后，就变成了人类。现在，人类在地球上占据了绝对优势。

不要再犹豫和迷茫了，只要习惯了动脑，保持理性思考，你就会发现更大、更广阔的世界！

Day5
敢于质疑、敢于尝试

看过拉马克的进化论,你会嘲笑他的观点是错误的吗?你可千万不要这么做!我相信,对很多人来说,犯错是让人难以接受的。但如果因为害怕犯错而迟迟不敢迈出探究科学的第一步,那你就亏大了!要知道,就连被称为伟人的亚里士多德都犯过不少错呢!有趣的是,后世推翻他的理论的科学家都取得了伟大的成就。

三棱镜可以把阳光分解成七种颜色的光,雨后的水珠也可以把阳光折射和反射出彩虹!

亚里士多德认为纯净的光是白色的,我们平时之所以能见到各种颜色的光,是因为某种原因导致光发生了变化,变成了不纯净的光。真的是这样吗?
后世的牛顿通过把三棱镜放在阳光下,证实了光是五颜六色的。

亚里士多德在物理学上有个著名的观点:重量不同的两个物体,较重的下落较快。真的是这样吗?后世的伽利略通过实验,推翻了这个观点。

亚里士多德为什么会犯错?

亚里士多德太过于相信经验。因为在很多人的印象中,重的物体会比轻的物体先落地,所以他根据自己的想法提出了这个观点。如果他肯用两个重量不同的球试一试,就会发现它们真的是一起落地的。我们要用理性思考,要细心观察,但也要注重实验。

在很长一段时间内，欧洲人都将亚里士多德作为"科学"的代名词，甚至坚信亚里士多德提出的理论都是正确的。但有个人不同，他不盲目信任亚里士多德，而是相信自己动手做实验得到的结果，这个人就是伽利略。也正因如此，伽利略成为近代实验科学的奠基人。

▶ **延伸知识**

在我们的日常环境中，铁球会比羽毛先落地，这与空气阻力有关，但在真空环境中，它们会同时落地。

① 相传在四百多年前，意大利科学家伽利略在比萨斜塔上把一大一小两个铁球同时抛了下去。

② 古希腊科学家亚里士多德认为"重的东西落地快，轻的东西落地慢"。在之后的近两千年中，很多人都把这句话奉为真理。

③ 年轻的伽利略却认为这句话是错误的，他和学者们辩论，却招来了学者们的批评。可伽利略的实验结果却证明，大铁球和小铁球是同时落地的。

高空抛物危险，请勿模仿

铁球比羽毛重，所以铁球先落地。

就是我先落地！就是我先落地！

嗯……？

同时

不应该是我先吗？

不应该是我先吗？

牛顿也曾质疑亚里士多德，他用三棱镜推翻了亚里士多德的"光是白色的"的观点。你可能没有三棱镜，但你一定见识过这个实验中的现象——彩虹。

看起来是白色的阳光是由红、橙、黄、绿、蓝、靛、紫七种色光组成的。七色光分别拥有不同的折射角。

对。雨过天晴时，空中会漂浮着许多密密麻麻的小水珠，这些小水珠就像一个巨大的三棱镜，把阳光分解成了七种颜色组成的彩虹。

哇，我看到七色光了！这就叫彩虹吗？

阳光和水珠的最小角度在40°左右，最大角度在42°左右时，才能分解出七色光。

折射角就像"门票",阳光给出不一样的"门票",水珠就会根据不同角度把阳光折射出不一样的颜色。

请出示门票!

好的!

42°

40°

七色光

交完"门票",七色光就可以乘坐"滑梯"有序离开啦!

红色光的"滑梯"较短,所以它先占据了第一名的位置;紫色光的"滑梯"较长,所以只拿到了最后一名。这时候,你就能看见红色在上、紫色在下的彩虹了。

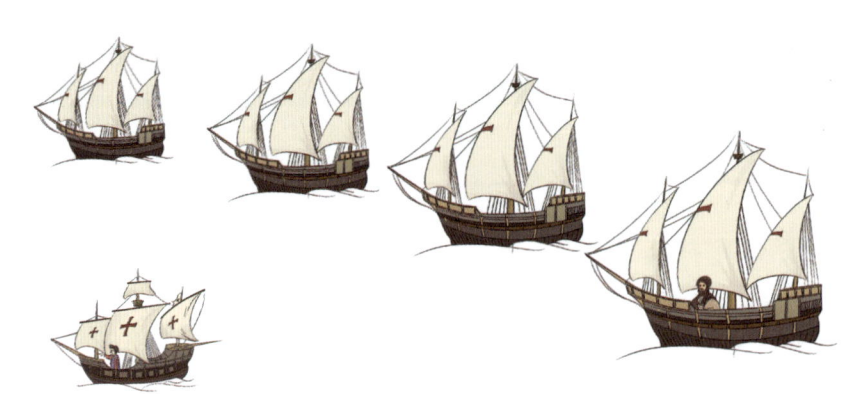

在人类探索世界的道路上，总是逃不开从错误认识到正确认识的转变。很久以前，人们看着远处的地平线，以为地球是平的，由此得出了"地平说"的理论。但是后来，人们的航海技术有了长足的发展，一个又一个杰出的航海家开始远距离航行，他们也分别取得了不同的成就。人们通过麦哲伦的环球航行，也终于知道了地球是圆的。

这些航海家虽然不是科学家，但是他们具有与科学家相同的毅力和探索力。

克里斯托弗·哥伦布
性　　别：男
生 卒 年：1451—1506
国　　籍：意大利
主要成就：发现新大陆

费迪南·麦哲伦
性　　别 男
生 卒 年 1480—1521
国　　籍 葡萄牙
主要成就 率领船队首次完成了环球航行

达·伽马
性　　别 男
生 卒 年 1469—1524
国　　籍 葡萄牙
主要成就 开拓了从欧洲绕过好望角到达印度的航线

他们的行动告诉我们，很多时候不要过于相信听来的理论，想要知道事情的真相，还是自己亲眼去看看，亲自去探究吧!

失败和犯错一样，都可能阻挡你踏上科学研究的道路。所以，我找到了这份1879年有关爱迪生的专访，希望他无数次制作电灯失败的经历可以给你一些启发。

美国发明家托马斯·阿尔瓦·爱迪生于1879年10月发明了一种新电器，叫电灯。电灯通电之后，可以替代以往使用的油灯和蜡烛，实现在夜里照明的效果。可以预见，未来电灯将会进入千家万户，成为人们日常照明的首选。除此之外，爱迪生还发明了留声机和印刷机等，是个十足的大发明家。本报有幸对爱迪生进行了专访。

记者：爱迪生先生，请问您的第一个发明是什么？

爱迪生：是一个投票计数器，可以自动记录投票数量。

记者：这个……我好像没有见过。

爱迪生：嗯，因为没有人用。当年我发明它的时候，认为它可以加快国会的投票工作，但有人告诉我，慢慢投票也是一种政治需要，他们并不需要投票计数器。

记者：既然是您的第一个发明，就这样被否定了，想必对您有一定的影响吧？

爱迪生：是啊，从那以后我就下定决心，不发明没用的东西。

记者：这也是您成功的关键啊，您发明的东西总是能够物尽其用。

爱迪生：谢谢，我有信心，电灯在不久的将来就会被广泛应用。

记者：您是从什么时候开始着手研究电灯的呢？

爱迪生：一年前吧。

记者：您只用了一年时间就研制成功了？这可真是令人惊讶！

爱迪生：这一年可不好过啊！虽然只花了一年时间，但只是灯丝的选择，我就试用了超过1500种材料。

记者：最后您选择了什么材料做灯丝呢？

爱迪生：我选择了碳化棉丝，能连续使用两天两夜。

记者：这听起来很让人惊叹，不过只能使用两天的电灯可不太方便啊，每隔两天就得换一下……

爱迪生：是的，所以我已经安排人手在世界各地寻找其他材料了，相信很快就能找到更好的。

记者：您这么年轻就取得了如此了不起的成就，在公众眼里就是一个天才，我也相信您很快就能找到更好的材料。

爱迪生：哈哈，我可不是天才。我小时候一度被老师们认为智商低下呢。

记者：啊？

爱迪生：因为我从小就喜欢刨根问底，比如1+1为什么等于2，所以只用了三个月时间，就被老师认为智商太低而被赶出学校了。

记者：那您是如何取得今的成就的呢？

爱迪生：这首先要感谢我的母亲，在我被赶出学校后，我母亲开始亲自教我，并把我教育得很好。当然，还要感谢我自己，就像发明一个电灯需要试验上千种材料一样，成为你们所说的天才，需要的是1%的灵感和背后那99%的汗水。

(53)

EXERCISE 章节小练

选一选

01 古人说的"天狗吃月亮",其实是（ ）现象。

A. 日食

B. 月食

C. 流星

六年级 科学

02 （ ）打开了微观世界的大门。

A. 列文虎克

B. 瓦特

C. 胡克

五年级 科学

03 苹果会落到地上,揭示了牛顿发现的（ ）。

A. 牛顿第一定律

B. 牛顿第三定律

C. 万有引力定律

九年级 物理

04 热量可以从一个物体传递到另一个物体上,也可以与其他能量相互转化,但在转化的过程中,能量的总值不变,这是（ ）。

A. 能量守恒定律

B. 热功当量

C. 热力学第二定律

九年级 物理

填一填

05 人类科学起源于 _____ 。

06 亚里士多德认为光是白色的，牛顿用 _____ 使光发生色散，推翻了亚里士多德的理论。

五年级 科学

07 _____ 的船队完成了人类的首次环球航行。

九年级 历史

第三章 养成好的科学态度

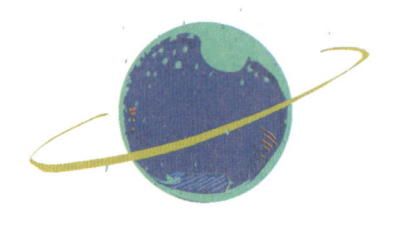

客观来说，科学为我们带来了方方面面的改变，但这些改变看起来有好有坏……

1928年，科学家弗莱明偶然发现了青霉素，此后，更多的抗生素被开发出来，帮助我们治愈了很多细菌导致的疾病，延长了人类的整体寿命。然而，随着我们对抗生素不加节制的使用，越来越多的细菌对抗生素呈现出耐药性，这使我们不得不继续加大抗生素的用量，如此恶性循环下去，最终就会"培育"出抗生素难以杀死的"超级细菌"，对人类健康造成巨大威胁。

1934年，科学家成功实现了核裂变，人工制造出威力巨大的核能，这些能量可以广泛应用于工业领域，我们熟悉的核电站。然而，1945年，美国成功研制出第一颗原子弹，核能成了一种破坏性巨大的武器，给人类社会带来了很多灾难，成了威胁和平的存在。

由此可见，科学的发展往往也隐藏着潜在的危险，但我们未必可以及时发现。可别觉得这些事和你毫无关系，毕竟，你现在的生活中，也有很多科学引起的"副作用"……

1973年，人们成功制造了第一部手机。伴随着激烈的商业竞争，各种各样的手机如雨后春笋一样出现，不仅便利了人们的沟通交流，还为生活带来了很多乐趣。当下，智能手机已经高度普及，成了人类社会不可或缺的"一份子"。人们每天都把手机带在身边，一定程度上甚至成了手机的附庸，手机成了网络沉迷、睡眠不好、社交焦虑、颈椎疾病等各种生活困扰的来源，威胁着人们的健康。

纵观过去、现在和未来，科学已经带来和可能带来很多的负面影响，你觉得我会说什么呢？是"科学是天然的坏家伙，对人类有巨大的威胁"吗？当然不是！其实如果你能仔细阅读我的叙述，就会发现，这些科学的"副作用"大多与人们的使用方法有关！如果我们不滥用抗生素，如果我们不使用核武器，如果我们控制对手机的依赖……那所谓的"副作用"将不复存在！想想你看过的那些电影和动画吧，同样的一个道具，反派会抢去破坏世界，而主角只会用它来造福世界！这也是我想要告诉你的：世界上很多事物的存在都是中性的，但我们可以做出自己的选择，那就是——做正确的事。

想一想，如果所有的科学成果都可以只被用在正确的位置上，世界会变得多美好！

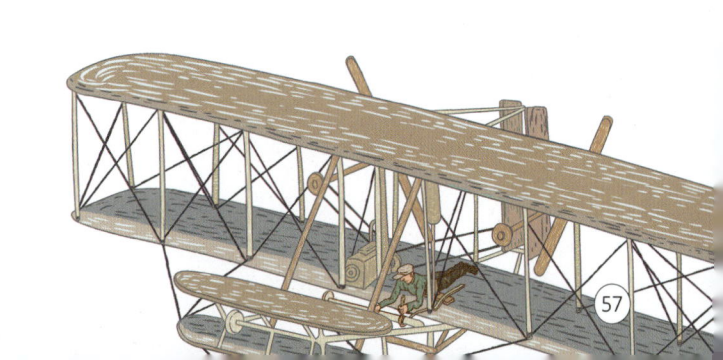

Day1 科学改变我们的生活

① 预防为先

无论在那个年代，科学的出现和发展，首先还是会改善人们的生活。

18世纪有一种肆虐全球的疾病，叫作天花。天花的传染性和死亡率都很高，但那时候的医疗水平很低，导致人们大量死亡。但有一点值得注意：一个人只要感染过一次天花，痊愈后就终生不会再患这种病了——这给人们提供了预防天花的思路。

大家快点!

细胞毒性T细胞
根据辅助性T细胞的指挥集体出动，攻击病原体和被感染的细胞。

有入侵者！准备战斗！准备抗体！

效应T细胞
战斗力非常强的特殊T细胞。

病原体
入侵身体后会引发疾病

辅助性T细胞
当身体遇到外界物质时，可以辨别敌人，并制定出作战策略，指挥作战。

孩子们，快去吧!

抗体
由于抗原的刺激而产生的具有保护作用的蛋白质。

别挤!

被感染的细胞

让我进去!

放我下去!

效应B细胞
可以产生抗体。

B细胞
可以分化为负责产生抗体的效应B细胞。

为什么接种过牛痘的人，在患过轻微的天花后，就不会再患天花了呢？因为身体一旦接触过同样的病原体，就会针对它产生抗体，这种抗体能够在以后抵抗同种病原体的侵入。

病原体第一次入侵细胞

18世纪末，一位名叫詹纳的英国医生在牧场工作，那时候牧场里的奶牛经常会患一种叫作牛痘的疾病，这种疾病可以传染给人，挤奶工就是易感人群。牛痘的症状与轻微的天花的症状很相似，神奇的是，詹纳发现所有患过牛痘的人都没有患过天花。1796年，詹纳从一个挤奶工的手上取出牛痘痘疮中的物质，注射给了一个八岁的小男孩。小男孩患了牛痘，并很快康复。詹纳又给他注射了天花痘疮中的物质，如詹纳所料，小男孩没有患天花。这就是牛痘接种法的发明。后来，詹纳将这种方法无私地传播给全世界，帮助人们完全克服了天花。

记忆细胞
在记忆细胞存在期间，当抗原再次来袭，记忆细胞可以直接快速地增殖分化成效应B细胞，分泌抗体，阻止抗原入侵。

抗原
会使生物体内产生抗体。

吞噬细胞
能够吞噬病原体，并将其杀死。

记忆细胞
记住病原体的特征，防止二次感染。

第二次感染

我们有专门对付你们的武器！

就是它们！

抗体

记忆细胞

病原体第二次入侵细胞

记忆细胞可以在身体内存在很久，有的几个月，有的几十年，而针对天花的记忆细胞可以终身存在，所以接种过牛痘的人以后都不会再患天花了，这种情况就叫作免疫，类似牛痘的病原体就叫作疫苗。利用抗体的特性，人们发明了很多用于预防重大疾病的疫苗，比如狂犬病、白喉、破伤风疫苗。

2 寻找病因

在疾病发生之前先做预防，这真是一步妙招！但遗憾的是，并非所有疾病都能及时预防，而且有的疾病甚至可以传染！这就需要我们搞清楚生病的根源和机制，进而寻找对付疾病的方法。恰好这时候，细胞学说得到了发展，人们对微生物也有了一定的认识，科学家们对病因的探寻也快有结果了……

曾经，有医生发现，在医院分娩的女性会大批因为某种疾病死去，在家里分娩的女性却很少得这种病。当医生们开始用强化学溶液洗手后，得这种疾病的人明显减少了很多。不过，他们并不知道这是怎么回事。

直到法国科学家巴斯德发现疾病是可以传染的，并且是由寄生的微生物引起的，他将这种微生物称为细菌。

因为细菌是单细胞生物，所以细菌的身体构造就是一个细胞的构造。

细菌根据外形的不同，可以分为三种：球菌、杆菌和螺旋菌。

球菌的外形是球形或者近似球形。

杆菌的外形是圆柱形或者椭圆卵形。

螺旋菌的外形是长条弯曲状或者螺旋状。

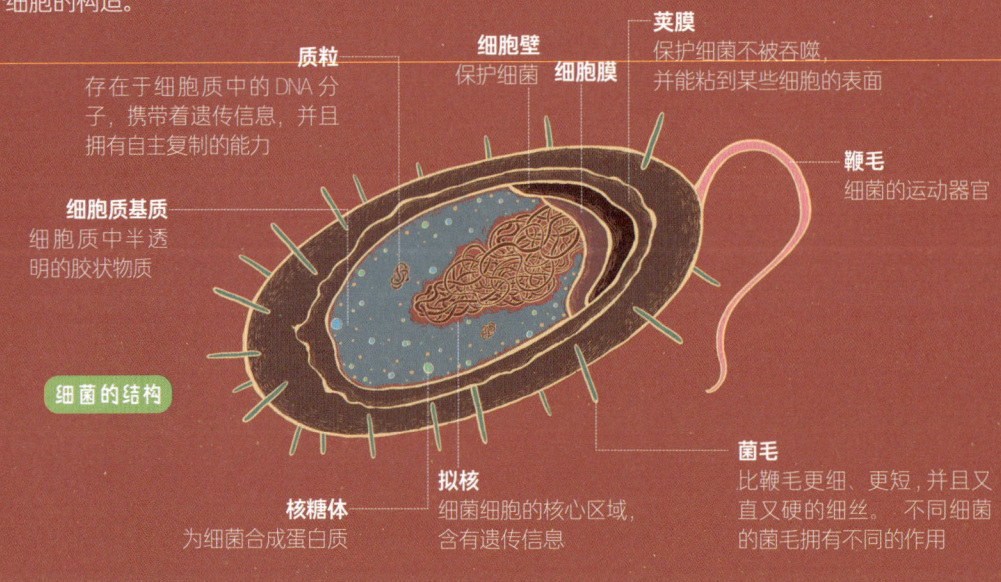

细菌的结构

质粒 存在于细胞质中的 DNA 分子，携带着遗传信息，并且拥有自主复制的能力

细胞壁 保护细菌

细胞膜

荚膜 保护细菌不被吞噬，并能粘到某些细胞的表面

鞭毛 细菌的运动器官

细胞质基质 细胞质中半透明的胶状物质

核糖体 为细菌合成蛋白质

拟核 细菌细胞的核心区域，含有遗传信息

菌毛 比鞭毛更细、更短，并且又直又硬的细丝。不同细菌的菌毛拥有不同的作用

会给生物体带来疾病的物质除了细菌，还有一种更加微小的东西，叫作病毒。1898年，一位荷兰科学家在研究烟草花叶病的病原体时，发现并命名了病毒，但他认为病毒是液体。直到1935年，美国科学家斯坦利才带领人们看清了病毒的真正面貌，那是一种比细胞还小的微粒。

病毒的结构

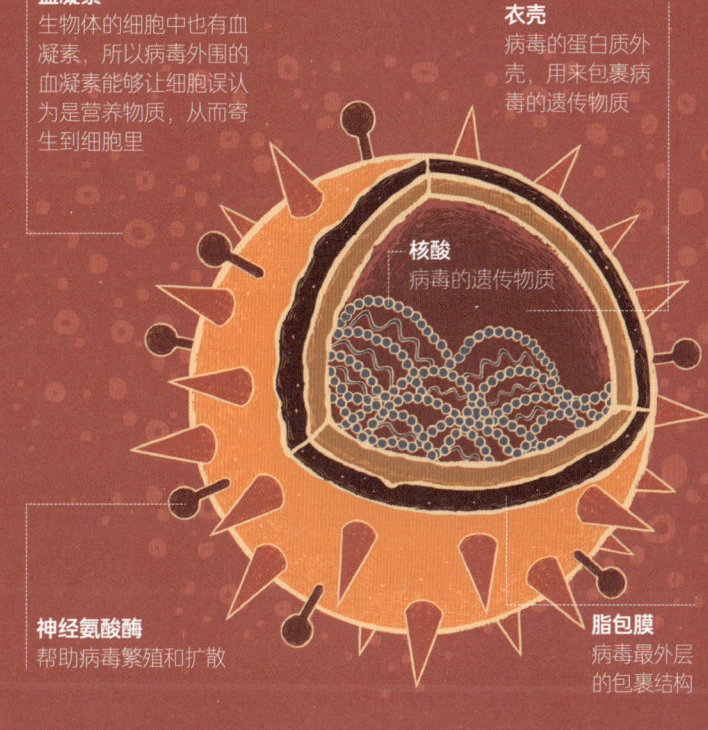

血凝素
生物体的细胞中也有血凝素，所以病毒外围的血凝素能够让细胞误认为是营养物质，从而寄生到细胞里

衣壳
病毒的蛋白质外壳，用来包裹病毒的遗传物质

核酸
病毒的遗传物质

神经氨酸酶
帮助病毒繁殖和扩散

脂包膜
病毒最外层的包裹结构

需要注意的是，病毒不是细胞，它们的结构非常简单，主要由内部的遗传物质和外部的蛋白质外壳组成。

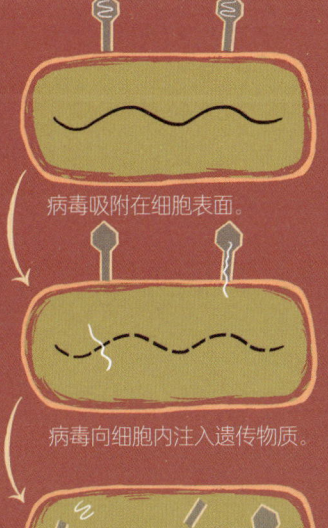

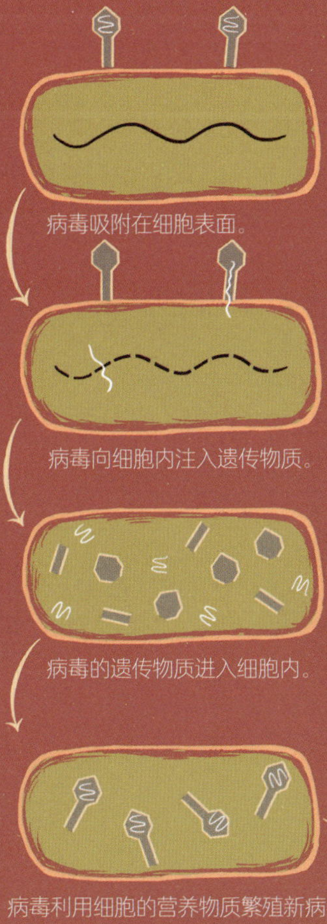

病毒吸附在细胞表面。

病毒向细胞内注入遗传物质。

病毒的遗传物质进入细胞内。

病毒利用细胞的营养物质繁殖新病毒。

新病毒利用神经氨酸酶切断自身与这个细胞的联系，然后扩散到各处去侵袭其他细胞。

与细胞不同，病毒并没有自主分裂繁殖的能力，但它们寄宿在细胞内，利用细胞的营养物质来繁殖增加自己的同类，我们称这个过程为"增殖"。

注意卫生是防止病毒入侵的重要方法哦！

病毒不能独立生存，必须寄生在细胞中，所以防止病毒入侵是最容易也最有效的疾病预防方法。

3 打败细菌

随着对细菌研究的深入，人们不但发现了各种各样的细菌，也查清了这些细菌能够导致什么样的疾病。幸运的是，人们后来便发现了细菌的天敌——抗生素。

目前发现的抗生素已经有上万种，不同的抗生素通过不同的方式杀死细菌。不过总体来说，抗生素杀菌就是针对细菌细胞中存在，而人体细胞内不存在或与其不同的结构来起作用的。

有的抗生素可以增强细菌细胞膜的通透性，使细菌内部的有用物质流出来。

由于人体细胞没有细胞壁，有的抗生素可以阻止细菌形成细胞壁，使细菌膨胀破裂，青霉素就属于这种。

有的抗生素可以抑制细菌合成 DNA，导致细菌无法繁殖。

由于细菌的核糖体与人体的核糖体不同，有的抗生素可以抑制只存在于细菌核糖体中的某些物质，从而阻止细菌合成蛋白质。

然而，从 20 世纪 40 年代开始，人们过分依赖抗生素强劲的抗菌效果，出现了滥用抗生素的情况，这种情况在中国尤其严重。滥用抗生素的后果就是使细菌产生了抗药性，所以如果下次再患上同样的疾病，就不得不使用更强的抗生素，而这又会使细菌产生更强的抗药性，恶性循环下去，最终会产生所有抗生素都无法控制的超级细菌。

现在，你需要停下来，想一想，科学家们不该研制出抗生素吗？还是说，抗生素没有问题，但人们不该滥用抗生素？

Day2
科学帮助人们实现梦想

科学也帮助我们实现了进入太空的梦想。1903年，科学家提出了火箭运动方程式，解决了火箭的理论问题，这个方程式一直指导着火箭的设计和制造，直到现在。从1926年世界上第一枚流体火箭诞生，到现如今火箭已经成为我们去往太空的最常用、最便捷且唯一的交通工具，尚不足百年。不过，你知道火箭到底是什么样子吗？

仪器舱 这里集中安装控制系统和其他系统的仪器和设备。仪器舱往往都在火箭前端，因为距离发动机比较远，振动较小，可以保护仪器和设备。

箱间段的用途 可以安装一些仪器或设备，常用来安置安全自毁系统的爆炸装置。

发动机 不利用外界空气的喷气发动机。

助推器 捆绑在一级火箭上的小型火箭发动机，帮助火箭迅速发射。

尾段 火箭被竖立在发射台上时，这里起到很重要的支撑作用。

整流罩 保护火箭上的"乘客"不受有害环境的影响。

卫星 这是要被送入太空的"乘客"。

三级火箭

二、三级间段 二级火箭与三级火箭一般采用冷分离的方式分开。分离时，二级火箭先脱离，两级火箭再分开。

三级发动机

二级箱间段 二级燃料箱和二级氧化剂箱中间的连接段。

二级火箭

二级发动机

一、二级间段 一级火箭与二级火箭一般采用热分离的方式分开。分离时，二级火箭先点火，两级火箭再分开。

一级箱间段 一级燃料箱和一级氧化剂箱中间的连接段。

一级火箭

尾翼 尾翼可以帮助火箭稳定飞行，但不是所有火箭都有尾翼。

一级发动机

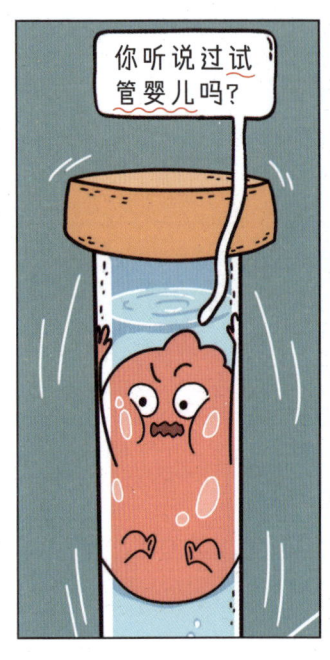

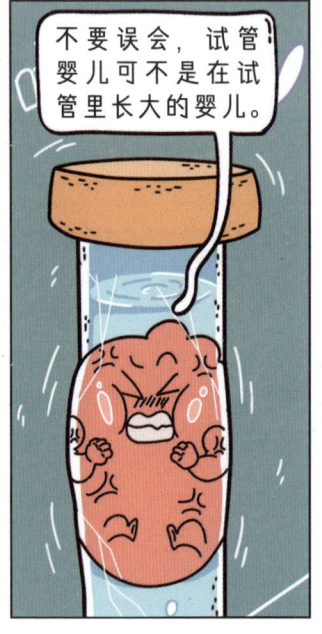

科学还有别的作用吗？有的。
科学在各个领域都竭尽全力帮助人们，成果也都非常喜人，
比如说，利用一些生物技术，科学甚至可以帮我们"创造人类"。

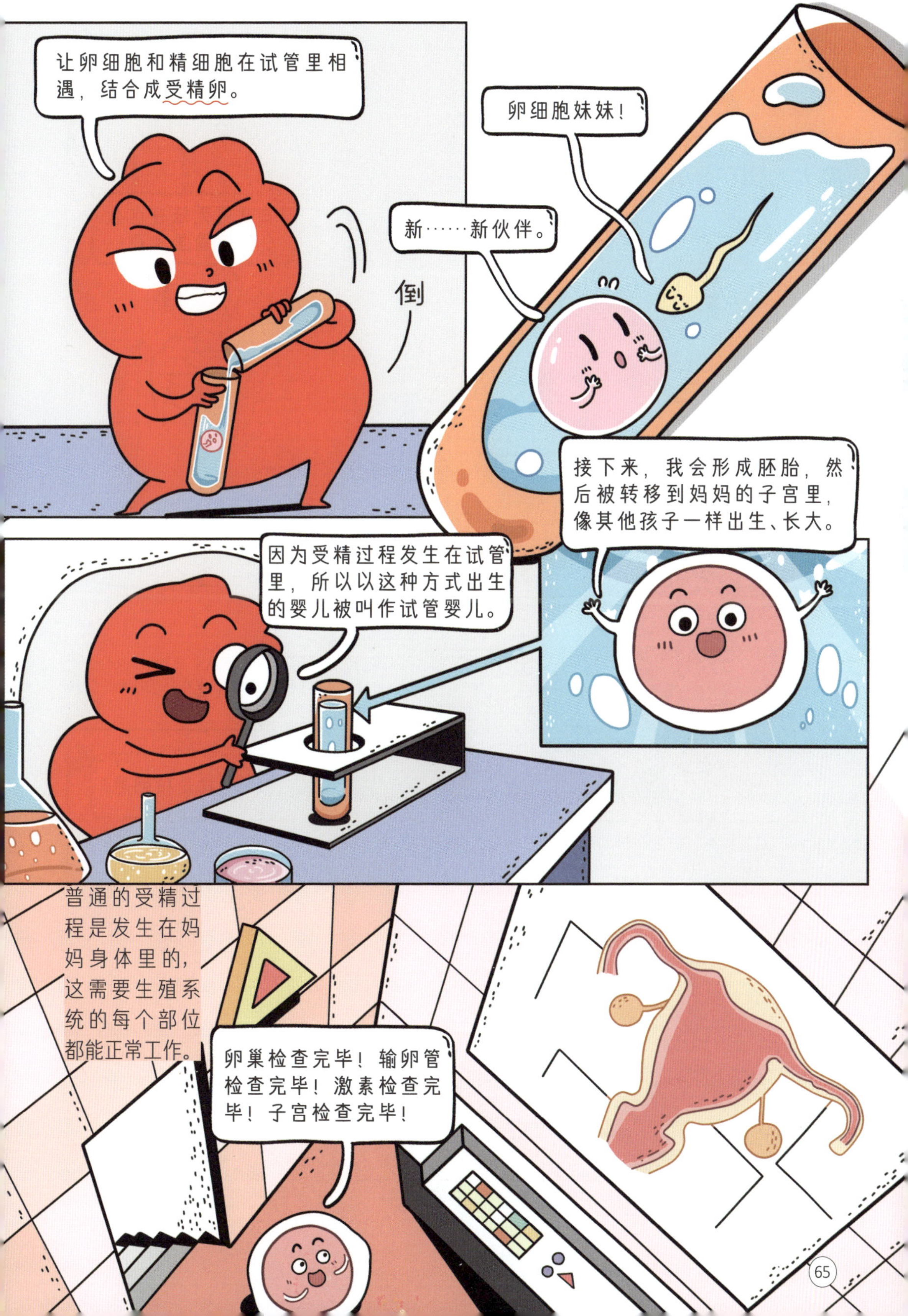

让卵细胞和精细胞在试管里相遇，结合成受精卵。
倒
卵细胞妹妹！
新……新伙伴。
接下来，我会形成胚胎，然后被转移到妈妈的子宫里，像其他孩子一样出生、长大。
因为受精过程发生在试管里，所以以这种方式出生的婴儿被叫作试管婴儿。
普通的受精过程是发生在妈妈身体里的，这需要生殖系统的每个部位都能正常工作。
卵巢检查完毕！输卵管检查完毕！激素检查完毕！子宫检查完毕！

有的人因为身体出了问题，生殖系统罢工了，无法正常受精和生育。

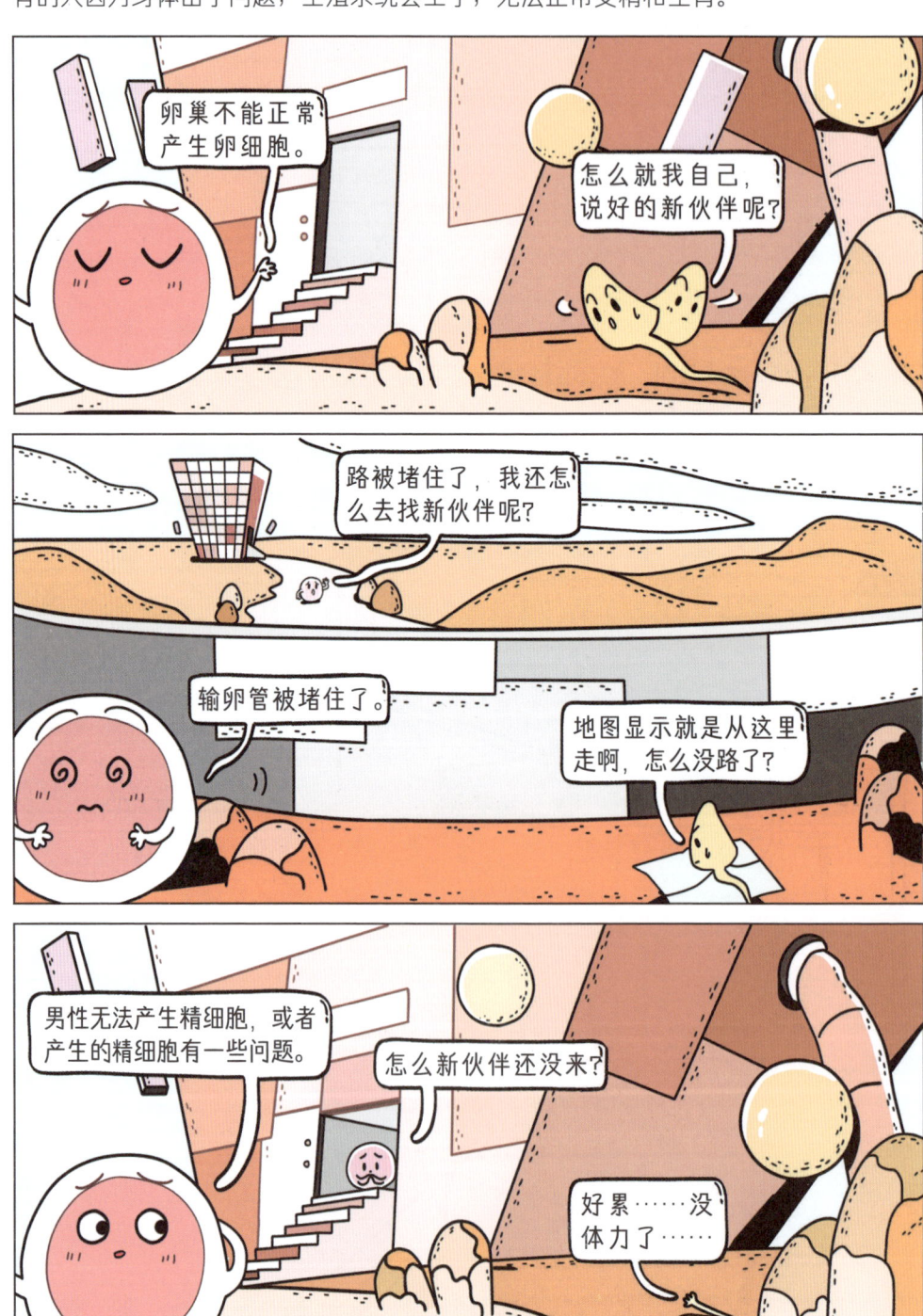

试管婴儿技术为无法生育的人解决了烦恼。

哪个孩子是我们的?

全都是!

试管婴儿技术发展迅速,1978年7月25日,英国诞生了全球第一位试管婴儿。到了2019年3月,中国河北已经有人借助试管婴儿技术孕育出了四胞胎!

一直无法拥有孩子的夫妇终于有了自己的孩子,这个家庭也因此充满欢笑,看来,科学还可以给家庭带来幸福。

Day3 科学引导未来

科技从诞生一路发展到现在，为我们的生活提供了各种各样的便利，更重要的是，科技完全颠覆了我们的生活！哥伦布不会相信人类能登上月球，诺贝尔也无法想象原子的威力远高于炸药。到了近代，科技的发展速度越来越快，并且朝着更快的趋势大步向前。试想一下，如果科技持续勇往直前，未来会走向何方？生活在当下，几乎人人都听说过"大数据"这个词，也就是巨大的、海量的数据。当你在使用网络的时候，你用键盘敲打的每一个字、转发的每一条消息及图片、购买的每一件商品都可能成为大数据的一部分，反过来说，正是因为网络的普及，才使收集海量的数据成为可能。

> 科技引领未来发展，但发展科技的终究是我们自己，我们掌握着与科技相处的主动权，只要我们能合理、规范地发展和使用……

大数据虽然有了，但如何有效地利用它也是个难题。想象一下，如果你有1000双袜子，在这其中找到想穿的那双必然需要花点时间。

现在的人工智能，无论是会讲笑话的小机器人，还是打败围棋冠军的阿尔法围棋（AlphaGo），都还属于弱人工智能，它们能做的事很有限。

未来势必会得到发展的另一项技术是人工智能。简单来说，人工智能就是人类自己创造出的智能，这种智能尤其体现在自我学习方面。

人工智能会不断地学习并改进自己，拥有智能思维，就像我们通过不断学习来提升自己一样。

那么，在茫茫的"数据海洋"中找到有用的那条数据需要多久呢？运气好的话，也许只需要一天，运气不好的话，恐怕需要五年、十年，甚至几十年。显然，想从大数据中快速又准确地抽出自己想要的数据，就需要更加庞大、先进的计算设备，但我还有一种更"节能"的方法：云计算。

大数据需要一个储存它的巨大容器，这个容器就是云计算的网络存储功能，而管理这些数据也离不开云计算。一台计算机的能力是有限的，但如果同时用多台计算机一起工作，运算效率就会高得多。我们现在把这些计算机都联网设置好，让其他地方的人也能通过网络远程操控这些计算设备，就实现了简单的云计算。

伴随着互联网的发展，现在的"云"已经具有相当大的规模，有些公司的云计算已经拥有了100多万台服务器，能够为用户提供前所未有的计算能力。

未来会进入强人工智能甚至超人工智能时代，人工智能所拥有的超强"智慧"可以为人类提供无尽的便利，甚至治疗癌症。

互联网的发展也改变了我们的生活，现在我们“买买买”的途径也有了更多选择。你可以去实体商店进行线下消费，也可以通过互联网在线上消费。

线下消费还有个好处,那就是熟客有优惠。如果你经常去一家店买东西,老板可能会给你打折哦!

老顾客8折!

线上消费就不行了,不仅无法享受到熟客优惠,甚至会被大数据"杀熟"!

网络大数据可以记录人们的消费足迹,根据人们的浏览信息来推荐相似的商品。然而,等网络购物平台了解了你的消费习惯后,就会把之前的优惠悄悄取消,这就是大数据"杀熟"。

主编有话说

你平时买东西,更喜欢去线下还是线上呢?有没有遇到过大数据"杀熟"的情况?我可是深受其害呢!

买买买!

好贵!但都是我喜欢的!买!

Day4 科学也有副作用

然而，我们必须要注意到，
科学的发展带给我们的不只有便利，还有许许多多的负面影响。
最典型的例子，就是核武器的发明。

砰！

1945年7月，美国成功研制出原子弹，紧接着在当年8月先后向日本的广岛和长崎投下了两颗原子弹，给这两个城市带来了毁灭性的灾难。1945年8月15日，日本宣布无条件投降，世界人民赢得了反法西斯战争的胜利，但时至今日，原子弹带来的影响依然存在。

原子弹是核武器的一种，通过原子内部的反应产生巨大的能量，威力巨大。当初美国之所以研制原子弹，主要是担心法西斯国家率先掌握核武器，导致严重的后果。1939年，爱因斯坦曾写信给时任美国总统的罗斯福，建议美国研制原子弹。如今，原子弹不仅研制成功，甚至投入战争使用，其他科学家们又怎么看呢？

> 我现在最大的感想就是后悔，后悔当初给罗斯福总统写信……我当时是想把原子弹这一罪恶的杀人工具从希特勒手里抢过来，想不到现在又让它落到了其他战争里……

阿尔伯特·爱因斯坦
曾写信给罗斯福，建议美国研制原子弹；质能方程 $E=mc^2$ 是研制原子弹的理论基础。

> 如果原子弹被一个好战的国家用于扩充军备，或被一个准备发动战争的国家用于武装自己，那后果不堪设想……我诚挚地呼吁全世界人民团结起来，否则人类就将毁灭自己！

> 正是由于我的发现，原子弹才得以被发明，我应该对这十几万人的死亡负责……我曾为自己的科学发现有可能会带来的严重后果而感到惊恐，而如今这些惊恐变成了现实，我不停地谴责自己……

奥托·哈恩
与合作者共同发现核裂变现象。原子弹的巨大威力正是来源于核裂变。

罗伯特·奥本海默
美国原子弹计划的首席科学家，主持研制原子弹，被称为"原子弹之父"。

可以说，科学家们大都反对将核武器应用于战争，甚至有人认为自己应该为核武器造成的死伤负责，他们也许会终身背负着罪恶感生活。现在请你思考一个问题，科学家研究核能，有错吗？科学的发展，有错吗？

生物武器包括细菌类、病毒类、生化毒剂类等，比如能导致人感染天花的天花病毒、能导致中毒的波特淋菌、能导致人感染霍乱的霍乱弧菌。

生物技术大多时候被用来造福人类，但也有极少部分例外——有人利用这些技术生产出了生物武器。

关门，放病毒！

我听说生物武器致病能力强、攻击范围广，我们该怎么办？

逃！

生物武器很难防备，它们可以通过食物、生活必需品、昆虫等散布，再经过呼吸道、消化道、皮肤等侵入人体、动物和植物体内，造成大规模伤亡。
生物武器太恐怖了，为什么不禁止……

我要举报，有人在研制生物武器！

警察
我现在就是非常后悔……
别怕，中国是主张全面禁止和彻底销毁生物武器的。
太好了！这样就不用担心别人滥用生物技术啦！

科学的副作用

有很多科学的"副作用"是因为人类对科学的使用不当导致的,但也有一些是在科学发展过程中产生的,这一点尤其体现在人与自然方面。

人类发展得好才能更好地改造自然啊!

如果人类的发展和大自然的平衡产生了矛盾怎么办?

大自然才不会等你呢!很多破坏活动已经影响了全球的环境!

人类活动导致了全球性的大气污染、水污染、水土流失、气候变化……

说什么呢,我觉得自己的生活没有受到任何影响。

咳咳……空气质量怎么这么差？
这就是大气污染导致的结果之一——霾！
环境污染早就影响你了，只是你不知道而已！
KN95
人类活动对环境的破坏可多了去了！
环境破坏得太严重了！都影响我们的正常生活了！
生态学
人类活动已经对大自然造成了严重破坏，看看动植物们的处境就知道了。

物种在自然环境下也会灭绝，在人类出现以前，物种自然灭绝的速度大约是每100年灭绝90个物种。

人类出现以后，物种灭绝的速度大大加快了，尤其是最近这100年。

以哺乳动物为例：在17世纪，平均每5年有一种哺乳动物灭绝，到了20世纪，平均每2年就有一种哺乳动物灭绝！

以鸟类为例：在10 000多年前，平均每83.3年有一种鸟类灭绝，而在现代，平均每2.6年就有一种鸟类灭绝！

在印度洋、大西洋中的一些岛屿上生活的特产鸟类，灭绝的速度越来越快，1601—1699年是8种，1700—1799年是21种，1800—1899年是69种，1900—1978年是63种……

据科学家估计，目前物种丧失的速度比人类干预以前的自然灭绝速度要快1 000倍！

国家一级保护动物，极度濒危
华南虎

冠麻鸭
濒危物种

威克岛秧鸡
1945年灭绝

高加索野牛
1925年灭绝

高鼻羚羊
极度濒危物种

佛罗里达彩鹬
1800年灭绝

斑驴
1883年灭绝

蓝箭毒蛙
濒危物种

它们都消失了……

联合国环境计划署估计，
在未来的20~30年中，
地球物种总数量的25%
都有灭绝的危险。
我听说，1990—2020年，
因为砍伐森林而损失的物
种，可能就要占世界物种
总数的5%~25%。
这样下去可不行！
我们得救救这些生
物，它们太可怜了！
怎么拯救这些快要
灭绝的物种呢？
别难过，人
们早都开始
行动啦！
面对日益恶化的
环境，难道就没
什么办法吗？

Day5 从你我做起

科学是一把双刃剑，科学的发展必然也会带来不同的影响。在这个过程中，我们的国家和社会一直都在寻找新的方法来解决这些问题。比如，环境污染很大程度上是因为传统能源会释放大量污染环境的废气、废水等，所以，人们一直在努力寻找新的、清洁的能源……

利用风的力量带动巨大的风扇转动，可以把风能转化成机械能，并且不会排出任何污染环境的物质。

❶ 风能

❷ 水能

水流从高处流到低处也蕴含着丰富的能量，所以我们建造了很多大坝来充分利用这种能量。

❸ 太阳能

太阳也是能量的宝库，并且取之不尽、用之不竭，将这种能量收集起来加以利用，也是目前最常见的清洁能源之一。

除了国家和集体的努力，我们每个人也可以尽自己所能，在日常生活中养成一些环保习惯，为大自然的恢复出一份力。

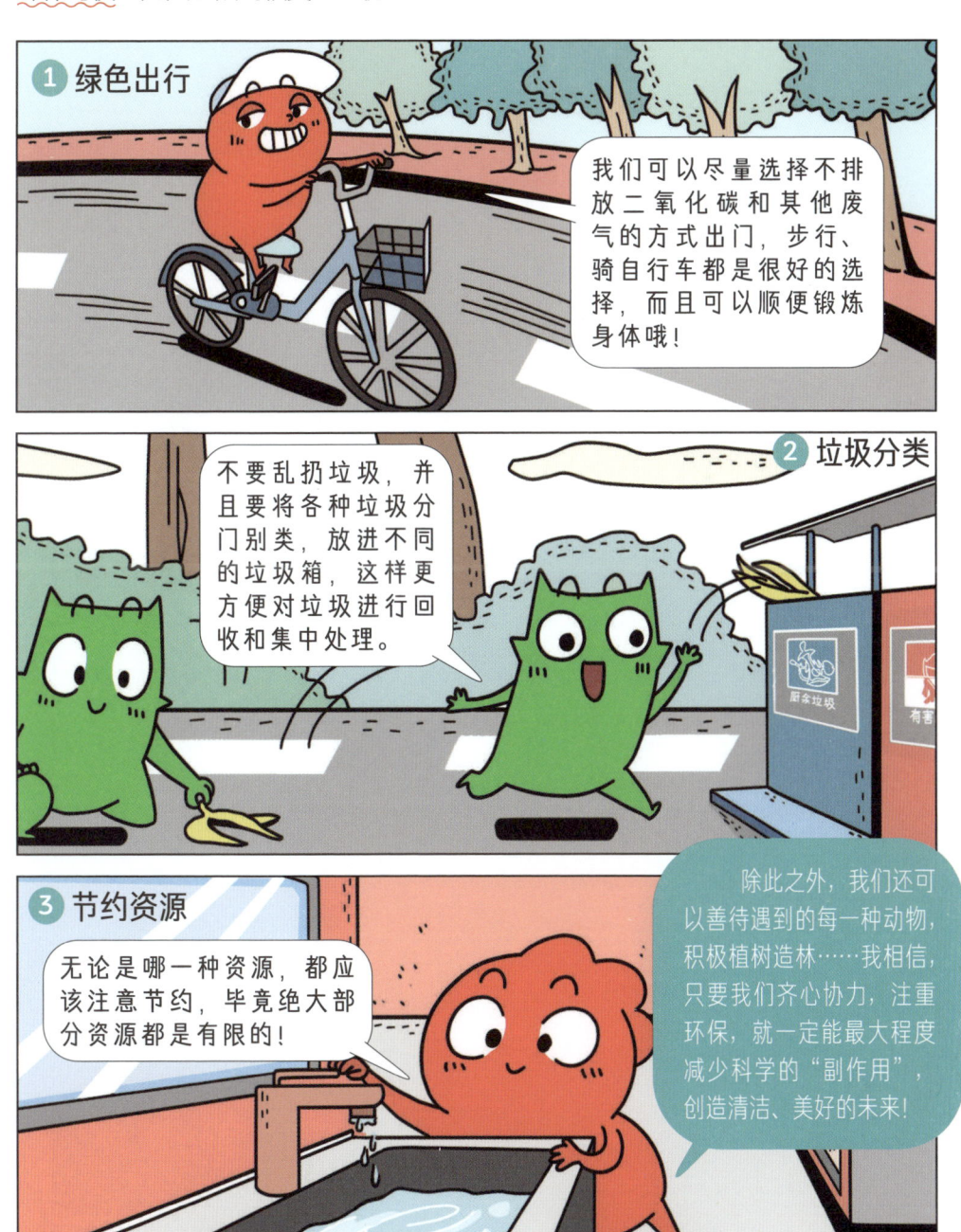

① 绿色出行

我们可以尽量选择不排放二氧化碳和其他废气的方式出门，步行、骑自行车都是很好的选择，而且可以顺便锻炼身体哦！

② 垃圾分类

不要乱扔垃圾，并且要将各种垃圾分门别类，放进不同的垃圾箱，这样更方便对垃圾进行回收和集中处理。

③ 节约资源

无论是哪一种资源，都应该注意节约，毕竟绝大部分资源都是有限的！

除此之外，我们还可以善待遇到的每一种动物，积极植树造林……我相信，只要我们齐心协力，注重环保，就一定能最大程度减少科学的"副作用"，创造清洁、美好的未来！

EXERCISE 章节小练

选一选

01 疫苗的防护作用离不开体内的（ ）能记住病原体的特征。

A. 吞噬细胞

B. 效应 B 细胞

C. 记忆细胞

02 （ ）不是由细胞构成的。

A. 细菌

B. 单细胞生物

C. 病毒

八年级 生物

03 火箭发射后，首先分离的是 _____ 。

八年级 物理

填一填

04 你输入的每一个字、你发出的每一条消息、你购买的每一件商品等，都可能成为 _____ 的一部分。

八年级 信息技术

05 什么是大数据"杀熟"？你有没有遇到过？

06 除了大力开发新能源，现阶段的你可以为环境保护做些什么？

二年级 道德与法治

83

第四章
科学实践有妙招

现在你已经明白了，生活中从不缺少科学，只是缺少一双善于发现科学的眼睛；你也大致了解了科学探究不是一件易事，需要具备很多优秀的能力和品质，比如思考、观察、敢于质疑、坚持不懈……现在，是时候开始真正的科学实践了！

别担心，我可不会一上来就让你做大科学家们做的那些精确又繁杂的实验，更何况，科学实践可不仅只有实验！科学实践包含了科学探究过程中的每一个步骤，比如，在决定探究什么之前，你需要先观察，先产生好奇和疑问，没有这一步，你就没有想要探究的事物，那么该怎么观察呢？在提出问题之后，你需要去查资料、做实验等，想办法证明自己的答案，或是推翻一个你认为错误的回答。要怎么查资料，又该怎么做实验呢？在做完实验之后，科学探究就结束了吗？这些环节就是科学探究的全过程吗？你还需要做点什么？

这些问题，这一章将会一一为你解答，并且详细讲述操作步骤，如果说前面的内容是探究科学的价值观，那今天你就会掌握真实好用的方法论。在正式开始之前，

我想先提前给你透露下我的计划。我将从以下几个方面入手，教你做一名小小科学家。首先，观察笔记会是你面临的第一个挑战，同时，这也是本章所讲述的最简单的科学探究方法。然后，我会系统地教你如何进行调查实验，这个方法论非常系统，如果可以真正掌握，你就再也不用发愁那些费事的动手作业了！之后，我会向你介绍一下数学中的方法，让你学会更简洁的记录方法。最后，我会针对实验进行一些介绍，还会讲解一些简单的实验，你大可以动手试试看，这可比你只盯着书本看有意思多了！

　　对了，你在真正实操时难免会遇到一些问题，这些问题可能很大，也可能很小，可能很复杂，也可能很简单。所以，为了帮你解决这些问题，将实验顺利推进下去，我会再单独为你总结一套思维方法，是工程师们在用的真实方法哦！

　　好了，话不多说，希望你动起手来，体验做一名小小科学家的快乐！

Day1 观察、记录与思考

保持好奇心，观察周围的一切，是探究科学入门的不二法则。但观察也要讲究方法，不仅要选好观察对象，进行有针对性的观察，而且必须多多思考、查阅资料、解答疑惑，还可以运用发散式联想，进行一些延伸资料的补充，更重要的是，观察到的信息一定要及时记录、整理，保留好自己的劳动成果——观察笔记就是个不错的选择。

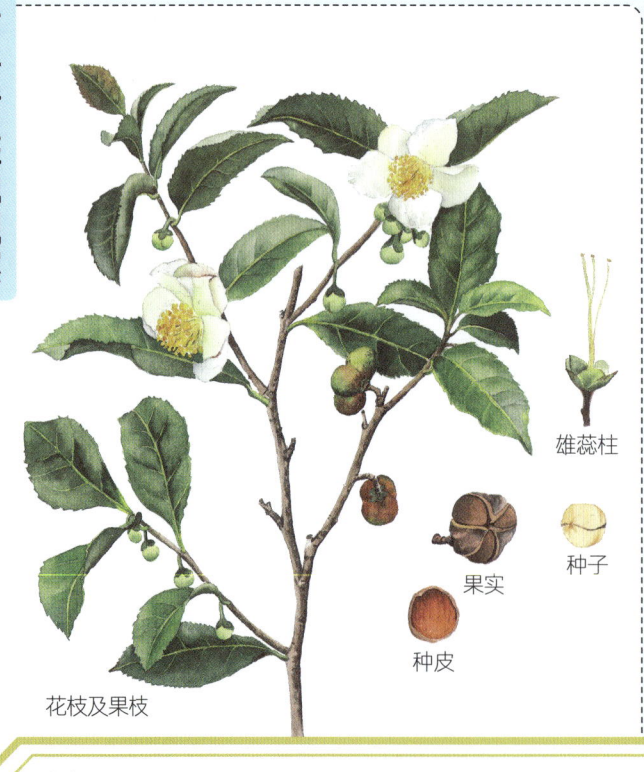

有针对性地观察

雄蕊柱

果实

种子

种皮

花枝及果枝

文学上的延伸思考

茶圣和他的书

古代有个人叫陆羽，他喜欢喝茶，又爱研究茶，被后人尊为茶圣。他还专门写了一本跟茶有关的书——《茶经》。《茶经》是世界上第一部茶叶专著。

别名：茶树、茶叶、元茶

科：山茶科　　　　**属**：山茶属

分布区域：野生种常见于长江以南各省的山区，现广泛栽培

花期：当年10月至翌年2月　**果期**：6—9月

茶

Camellia sinensis

对观察对象的思考

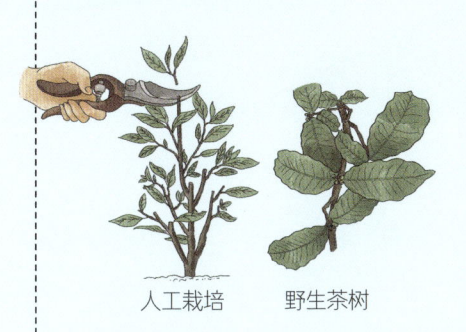

关于茶叶的小秘密

茶树分为野生和人工栽培两种，过去的茶树是在野生状态下生长的高大乔木，能长到 30 米，树龄可达数百到上千年，那种叶片肥肥的古树普洱茶就是这样的种类。

现在我们喝的茶大部分都是人工栽培的，为了让茶树长得好，要经常修修剪剪，所以很少有超过 2 米高的茶树。茶树的叶片是偏椭圆形的，边缘有锯齿，所以摸起来有点扎手。

人工栽培　　野生茶树

生活中的延伸思考

虽然都叫茶，可却不一样

我们平时喝的红茶、绿茶、黄茶、白茶等，都是将茶树叶子用不同的加工方法制成的。酥油茶不是植物名称，是藏族的特色饮料，是用酥油和茶叶煮制出来的。

绿茶

酥油茶

提出问题并解答

喝了茶为什么就不困了呢？

有人喝茶是为了解乏，大量喝茶后，连熬夜看书都不会困。茶里有咖啡因，能提神醒脑；有茶多酚，能帮人类抵抗一些有害细菌；还有芳香物质和茶氨酸，能给人类带来愉悦的口感。所以，喝茶会使人神清气爽，精气神越来越足。可茶也不能多喝，喝多了会影响睡眠。

Day2 生物调查实验五步法

接下来，我们一起学习一种更加系统的科学探究方法。

别失望嘛！不出门的生物大调查也有很多乐趣哦！
什么乐趣？

生物大调查要遵循一定的研究方法和思路，每一场调查都像玩闯关游戏。
这听起来还不错啊！

具体是什么样的研究方法和思路呢？
进行生物大调查总共分五步。

主编有话说

这一页是**重点！**

①观察

观察是进行科学探究的一种基本方法，可以直接用肉眼观察，也可以借助放大镜、显微镜、望远镜等仪器观察。

②提问

爱因斯坦说过，提出一个问题往往比解决一个问题更重要。提出你发现的问题，和朋友们讨论这个问题有没有探究的价值。

③假设

根据现象或查阅到的资料作出最合理的假设。

59793
862657
实验结果
⑤结论
分析实验结果，
得出结论。
+1000
+500
设计科学实验验证你的假设，并且及时记录，还要注意搜集、整理实验数据。
④实验

身边的
生物调查实验

不信你看看，你休息了一会儿，蔬菜的叶子已经没精神了，看起来都跟我前几天腌的咸菜差不多了！
还真是！明明之前还好好的！
我记得菜市场的摊主会用喷壶往蔬菜上喷水，蔬菜看起来都很新鲜，但现在放了一会儿的蔬菜就蔫了，就像腌过的咸菜一样……
观察现象
提出问题
难道蔬菜能吸收水分，也能失去水分？
哒
作出假设
网上说，菜市场的摊主喷的是清水，腌咸菜用的是盐水……那我大胆推测一下，蔬菜放在清水里能吸水，放在盐水里能失水！
你还做不做饭啊？

我决定了！我要做实验验证我的假设！就用我刚买回来的新鲜胡萝卜吧！
看来我只能自己动手了……
实验验证
第一步是把新鲜的胡萝卜切成大小相等的条。
不做饭还占着厨房不让我做饭，好饿……
把切好的胡萝卜条分成三组……我的刀功真厉害，它们竟然全都一样！
不切成完全一样的胡萝卜条也可以做实验哦！
15.00
15.00
实验的重点是观察胡萝卜条在不同条件下的变化！
15.00
注意观察胡萝卜条在实验时重量和外观的差异哦！

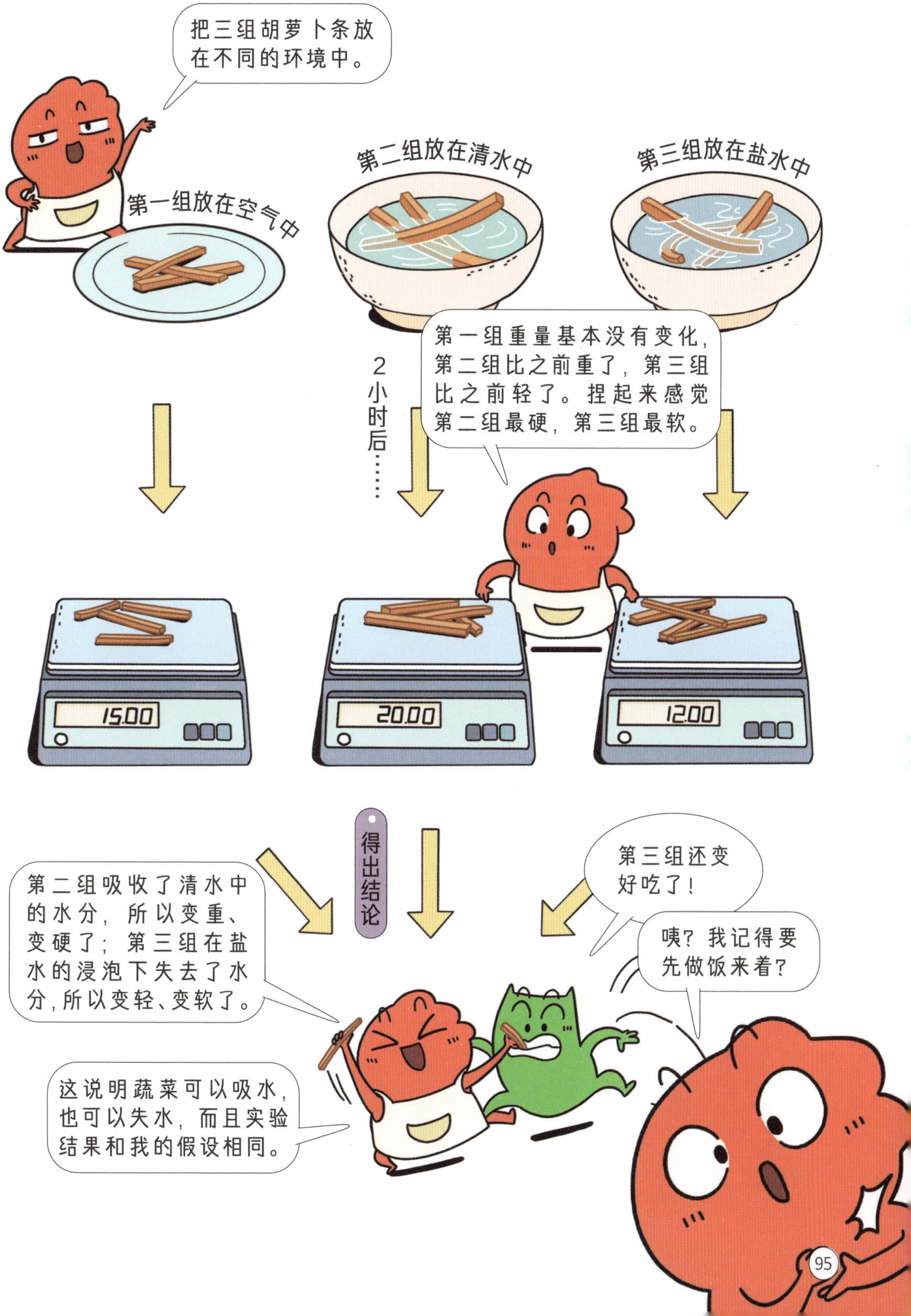
把三组胡萝卜条放在不同的环境中。
第一组放在空气中
第二组放在清水中
第三组放在盐水中
2小时后……
第一组重量基本没有变化，第二组比之前重了，第三组比之前轻了。捏起来感觉第二组最硬，第三组最软。
15.00
20.00
12.00
得出结论
第二组吸收了清水中的水分，所以变重、变硬了；第三组在盐水的浸泡下失去了水分，所以变轻、变软了。
第三组还变好吃了！
咦？我记得要先做饭来着？
这说明蔬菜可以吸水，也可以失水，而且实验结果和我的假设相同。

Day3 数学是好用的思维工具

除了观察，将观察到的现象进行准确的记录，对训练科学思维来说也十分重要，因为这些信息可以帮助你进行分析，作出科学判断。那么，怎样才能准确地对我们的观察进行记录和分析呢？别忘了课本里的老朋友——数学统计和概率中的图表，它们可是信息记录和分析的绝佳工具。

这几位朋友个个身怀绝技，能帮你迅速理清思路，发现想要的信息。

概率

生活充满了不确定性，就像一盒巧克力，你永远不知道下一个会是什么味道……

啊啊啊！

我们不能确定接下来一直是晴天。

就像身为骰子的我，在落地之前，不会知道自己的哪一面朝上一样。

我们也不能确定这个盆栽的小番茄总共能结出几颗番茄果。

调查问卷
这个人正在对不同天气下的景象进行观察和记录。
调查问卷
不过，在不确定性中，人们从未放弃寻找规律。
我们按照从右往左的顺序来看看这份记录。
初一 晴
初二 阴 燕低飞
初三 雨
初四 阴
初五 阴
初六 晴
初七 雨
初八 阴
初九 阴 燕低飞
初十 雨 燕低飞
十一 雨
十二 雨
十三 晴
十四 阴 燕低飞
十五 雨
从记录中可以发现，在下雨前，常常有燕子低飞的情况出现。由此，人们总结出“燕子低飞要下雨”的谚语。

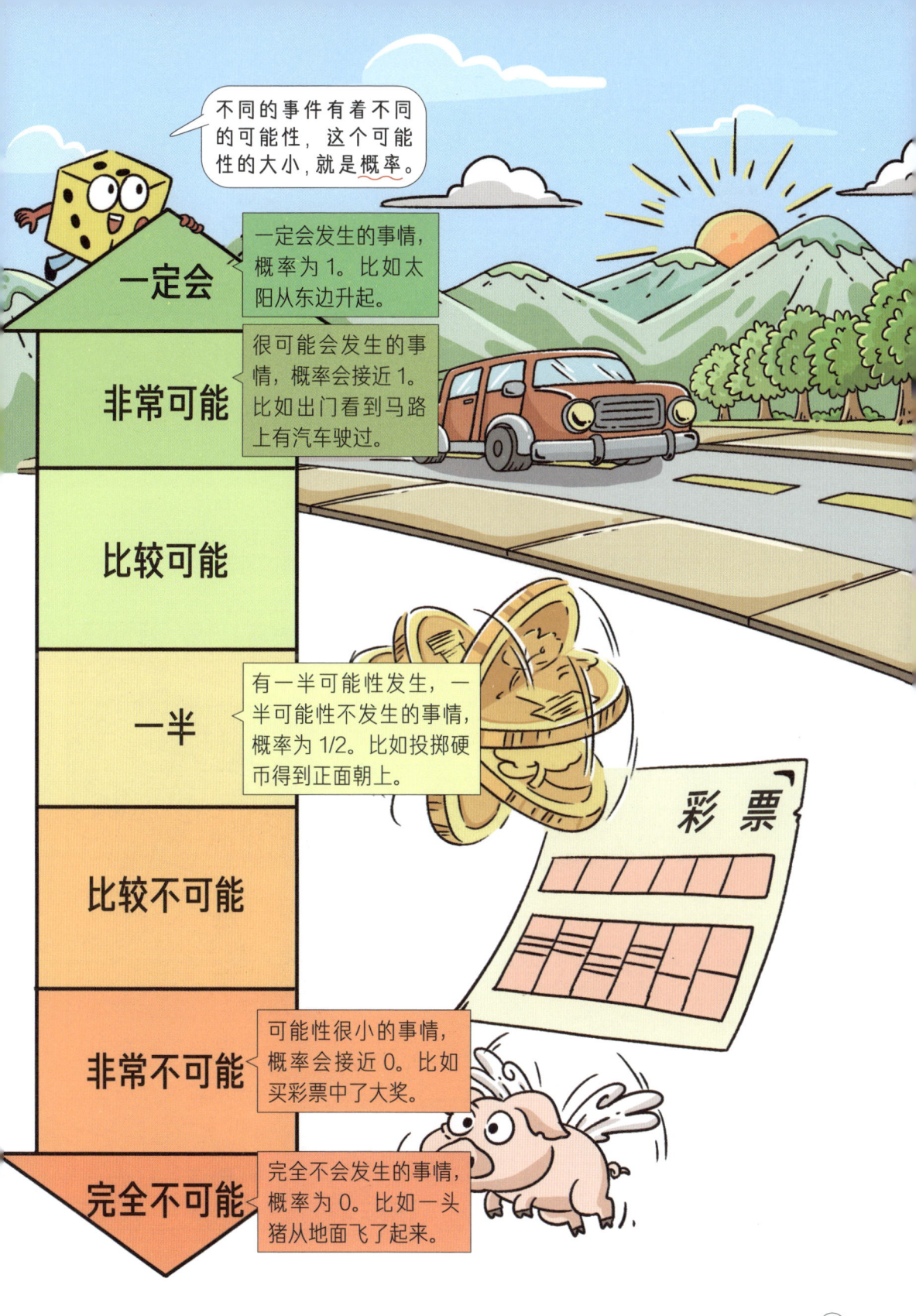

不同的事件有着不同的可能性，这个可能性的大小，就是<u>概率</u>。

一定会：一定会发生的事情，概率为 1。比如太阳从东边升起。

非常可能：很可能会发生的事情，概率会接近 1。比如出门看到马路上有汽车驶过。

比较可能

一半：有一半可能性发生，一半可能性不发生的事情，概率为 1/2。比如投掷硬币得到正面朝上。

比较不可能

非常不可能：可能性很小的事情，概率会接近 0。比如买彩票中了大奖。

完全不可能：完全不会发生的事情，概率为 0。比如一头猪从地面飞了起来。

平均数和中位数

除了概率，还有另外一组好用的数据可以帮我们做简单的预测。

加油！ 加油！ 加油！

哪一队会赢呢？让我来推测一下……

根据平均数的计算方法，算一算这两组队员的体重平均数，预测一下哪一队能赢。

首先，我们把两队的体重值都按照从小到大的顺序来排一下。

而最能概括一组数据的"中间"值的，是平均数。平均数是一组数据中所有数值之和除以数据的总个数。

| 28 | 29 | 30 | 31 | 33 | 34 | 35 | 37 | 39 | 43 |

← 极 差 →

| 25 | 27 | 29 | 31 | 32 | 33 | 35 | 36 | 38 | 40 |

红队赢了！你猜对了吗？

调查问卷

拔河这个项目比拼的是力气，通常体重大的人身体更强壮，力气也会更大，所以平均体重大的队更可能取胜。统计分析帮我们作出了正确的预测！

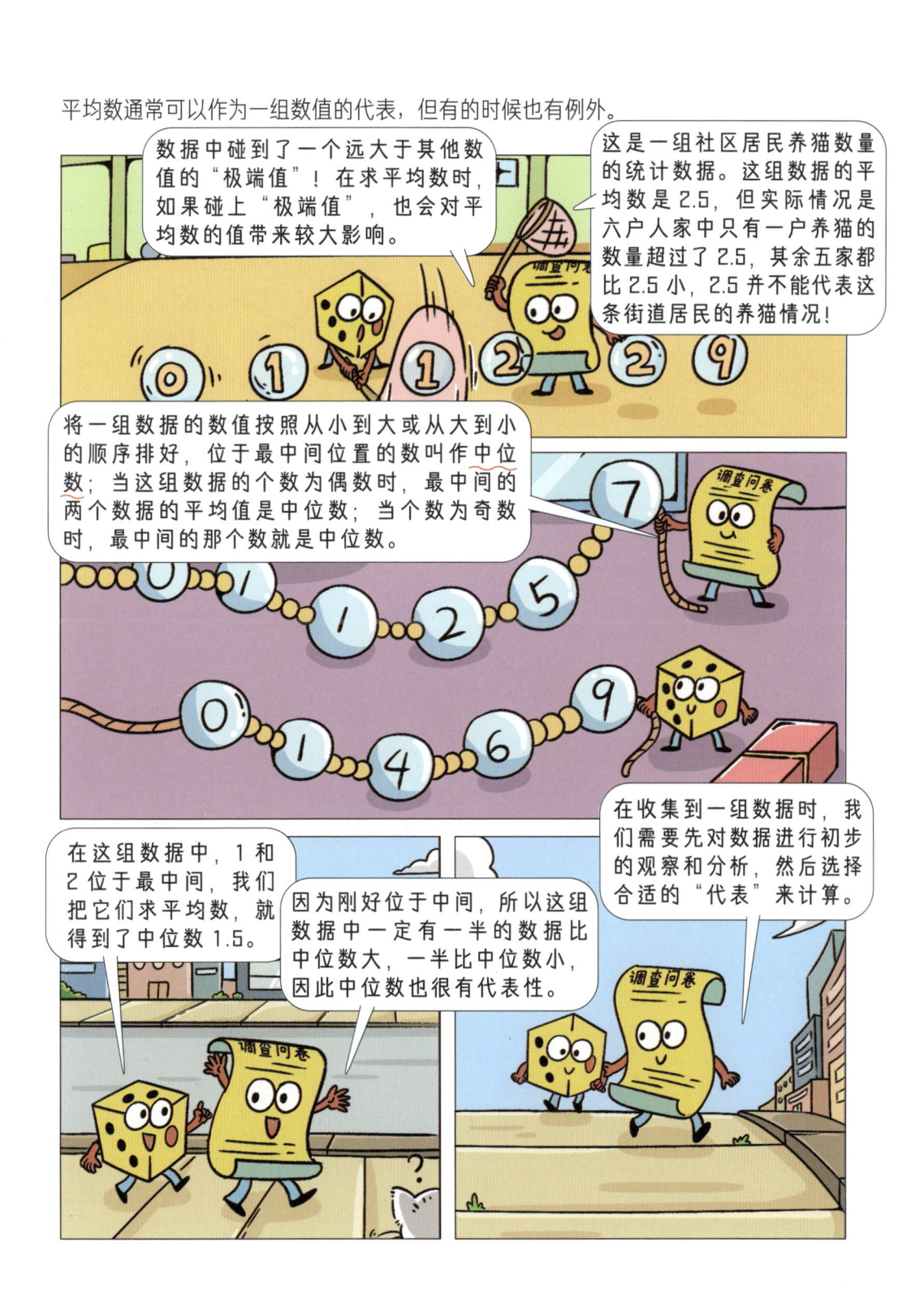

平均数通常可以作为一组数值的代表，但有的时候也有例外。

数据中碰到了一个远大于其他数值的"极端值"！在求平均数时，如果碰上"极端值"，也会对平均数的值带来较大影响。

这是一组社区居民养猫数量的统计数据。这组数据的平均数是2.5，但实际情况是六户人家中只有一户养猫的数量超过了2.5，其余五家都比2.5小，2.5并不能代表这条街道居民的养猫情况！

将一组数据的数值按照从小到大或从大到小的顺序排好，位于最中间位置的数叫作中位数；当这组数据的个数为偶数时，最中间的两个数据的平均值是中位数；当个数为奇数时，最中间的那个数就是中位数。

在这组数据中，1和2位于最中间，我们把它们求平均数，就得到了中位数1.5。

因为刚好位于中间，所以这组数据中一定有一半的数据比中位数大，一半比中位数小，因此中位数也很有代表性。

在收集到一组数据时，我们需要先对数据进行初步的观察和分析，然后选择合适的"代表"来计算。

条形统计图
和扇形统计图

数学工具不仅可以让你作出准确的预测,还能让你作出更好的决定。这就要用到统计图表了。

这片区域要开一家书店,有A、B、C、D四个可供选择的地址,应该选择哪一个呢?

在选址时,有很多因素需要考虑,其中一个非常关键的因素是日常经过地址附近的人数有多少,也就是人流量。

在日常生活中,我们会把东西分类整理摆放,在面对数据时,我们也可以将它们分类计数,并用条形统计图表示出来。

条形图已经组装完毕。把人流量数据转化为长度后,数据的分布变得一目了然!这些长方形的宽度相同,高度随着数值的增加而增加。
看,C地的人流量最大,B地其次,A、D两地的人流量少了很多,因此可以优先考虑C地。

A 15　B 32　C 36　D 21

地址选好了,接下来该考虑选书了。

小孩喜欢看绘本和漫画,青少年和大人都喜欢看小说,上班的人可能会看些财经和励志图书……

所以,我们可以调查一下经过C地附近的人群的年龄分布!

这个我刚刚已经统计了，得到的结果是这样的：

年龄结构	儿童	青少年	中年	老年
人数	12	3	15	6

我也可以分成几部分，也就是一个个扇形。

这回不用条形图了，我一个就够了！我可以更好地展示这些数据。我是一个完整的圆，表示总体，也就是总人数。

知道了人群的基本构成情况，我们就可以更精确地进行产品定位和选择，而不是仅凭想象来做事。

概率、平均数、中位数、条形图、扇形统计图，这些都是好用的数学工具，足以解决许多问题。不过，要想从无到有地完成一项任务，还少不了工程学思维的帮助。

今天，就由我——小白马，给你带来一段魔术表演。

快别瞎说了，人家知道这是做实验！

Day4
从力所能及的实验开始

对于现在的你来说，实验还是要从简单的开始。不过，可别小瞧了简单的实验，它们不仅趣味十足，堪比魔术，而且在现实生活中也很有用哦！

奇怪的烛影

准备一个纸杯，用半透明的宣纸封住杯口。用笔在杯底扎一个小孔。点燃一支蜡烛，用小孔对准蜡烛，移动纸杯。调整距离，让蜡烛影清晰地呈现在宣纸上。这个时候宣纸上的蜡烛影是什么样的？

保持蜡烛和小孔的距离不变，再试试把小孔扩大一点，薄膜上的蜡烛影有什么变化？

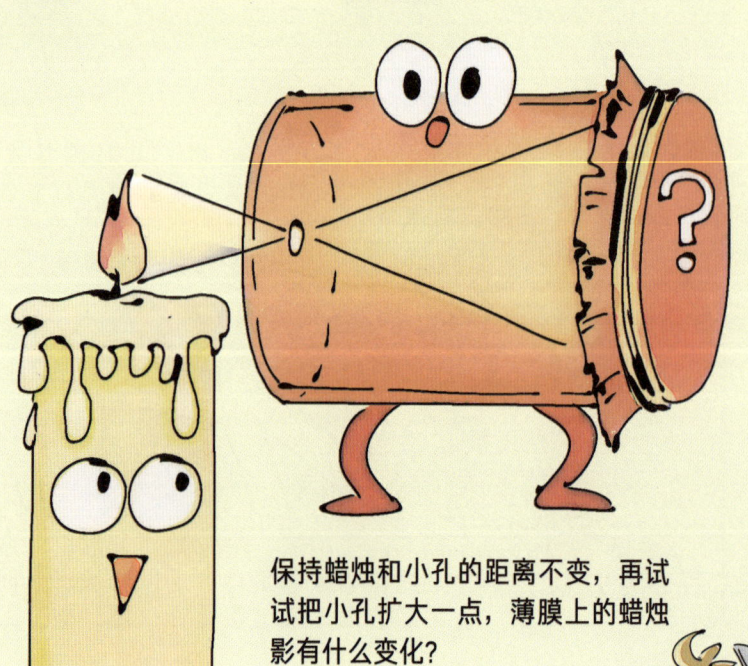

魔术大揭秘

相信你也看到了,当杯底的孔很小时,宣纸上出现了倒立的蜡烛影,这也是光沿直线传播的现象之一。

这个"魔术"其实是中国古代物理史上一个著名的光学实验——小孔成像实验。早在两千多年以前,墨子就做过这个实验了。

在墨子的实验中,一个人透过小孔映在墙上的像是倒立的。《墨经》中解释道:"从足部射向下方的光线被挡住了,足部射出的光线只能成像于高处;从头部射向上部的光线也被挡住了,它只能成像于低处。"这就是烛影倒立的秘密。

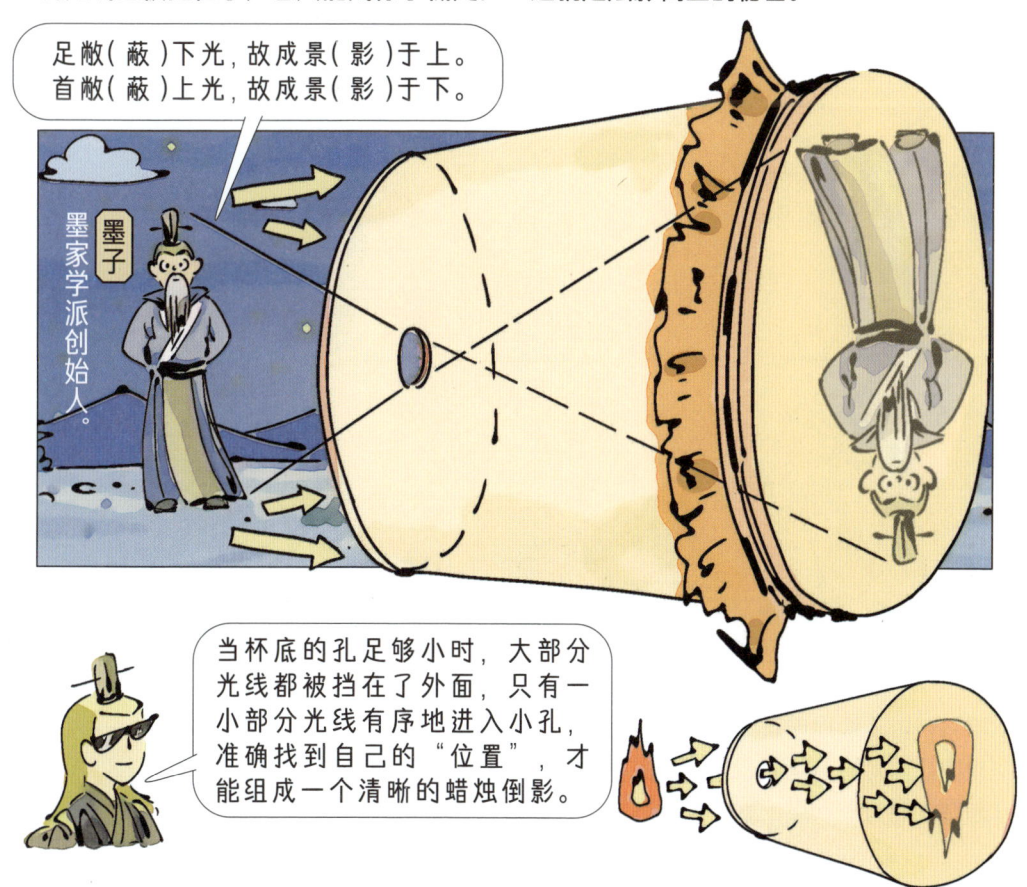

足敝(蔽)下光,故成景(影)于上。
首敝(蔽)上光,故成景(影)于下。

墨子
墨家学派创始人。

当杯底的孔足够小时,大部分光线都被挡在了外面,只有一小部分光线有序地进入小孔,准确找到自己的"位置",才能组成一个清晰的蜡烛倒影。

但是，当杯底的孔变大以后，通过小孔的光线增多了，光线挤在一起，就不能准确找到自己的"位置"了，所以，宣纸上的蜡烛影就变得模糊了。

这个原理早就被应用在了老式照相机中。

照相机镜头的前面有一个小孔，叫作光圈。
想要让照片亮度更高，就要把光圈调大，让更多的光进来；
想要让照片暗一点，就要把光圈调小，挡住一部分光线。

来做实验吧

凸透镜是一块神奇的玻璃，你们想不想拥有一块自己的凸透镜呢？

"眼过千遍不如手过一遍"，现在该你"表演"啦！
想要探究科学，做实验是怎么也绕不过去的！

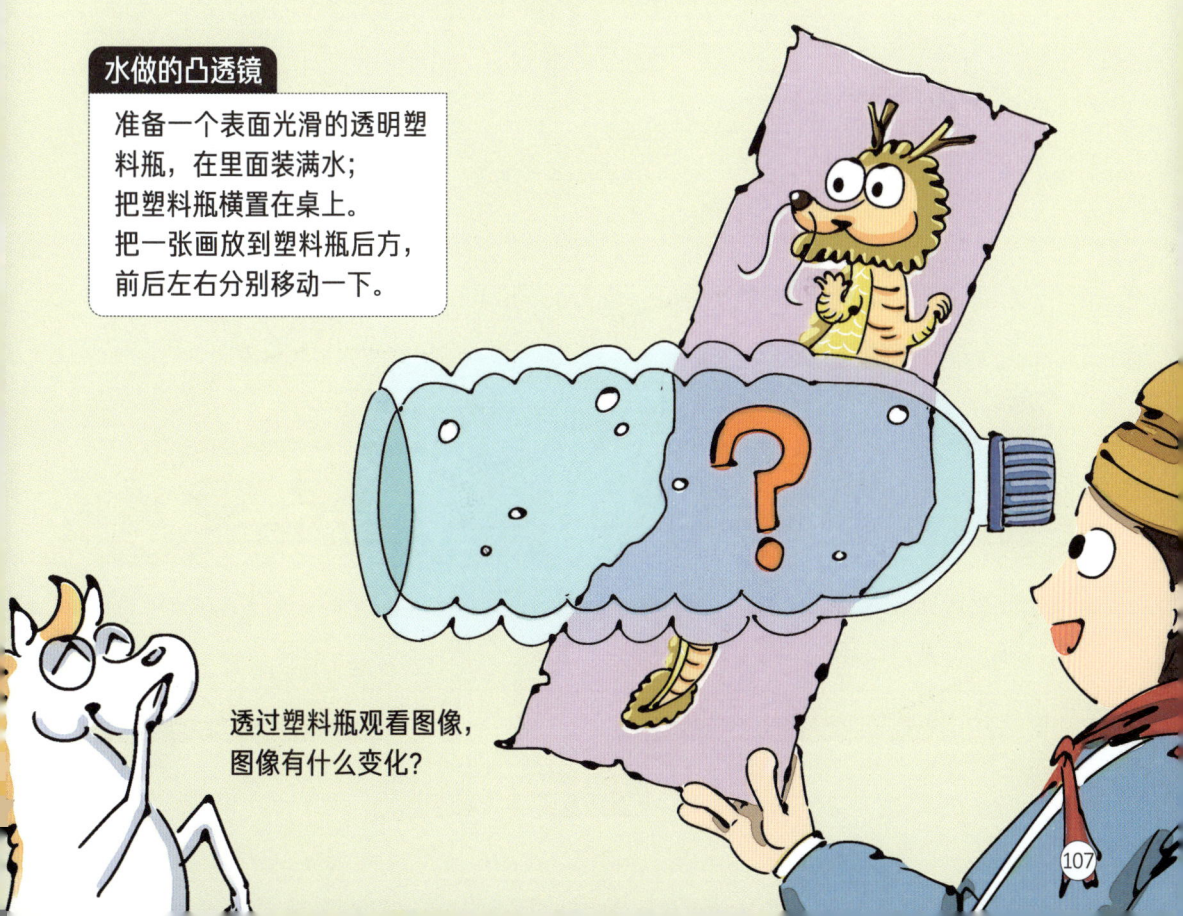

水做的凸透镜

准备一个表面光滑的透明塑料瓶，在里面装满水；
把塑料瓶横置在桌上。
把一张画放到塑料瓶后方，前后左右分别移动一下。

透过塑料瓶观看图像，图像有什么变化？

Day5 厉害的工程学思维

在你学会科学地观察，掌握简单的数学工具之后，你就已经能够为很多事情做规划了。可是，想要让你想做的事情完美落地，还少不了厉害的工程学思维。它能帮助你用简单的几个步骤一步一步实现你的设想。

工程师都爱用的 工程学思维

无论是观察、调查，还是做实验，
其过程中都难免会遇到一些问题。有些问题可以
在一开始就预料到，并提前规避或解决，
但有些问题是在过程中才出现的，
面对这些突发问题，你可不要乱了手脚。

工程学思维第一步：明确定义问题！

如果你遇到的是一个小问题，可以直接去往第二步！

如果你遇到的是大问题，就需要先把一个大问题拆分成一个个小问题。

就算是很多小问题，解决起来也会比一个大问题的难度低哦！

工程学思维第二步：
头脑风暴！

你可以一个人头脑风暴。

也可以把七大姑八大姨都拉来，一起想办法！

很多工程都是群策群力的结果，该找人帮忙就要找人帮忙哦！

工程学思维就是用建造工程的方法去解决各种问题，是工程师们都爱用的思维方式哦！

工程学思维第三步：
选择最佳策略！

用头脑风暴想出来的解决方案一定要及时记录，再将每个方案和其他方案好好对比一番，列出各自的优缺点。

如果实在选不出方案，也可以尝试选取每个方案的优点，再做出一个全新的方案。

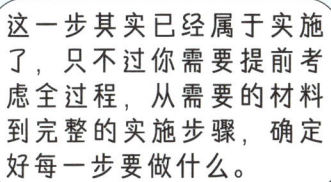

这一步其实已经属于实施了，只不过你需要提前考虑全过程，从需要的材料到完整的实施步骤，确定好每一步要做什么。

如果涉及绘画，也要在这时候画出来哦！

选好方案之后就需要开启工程学思维第四步——设计了！

工程学思维第五步：建造！

把这些全部搞定之后，就可以开始按照你的设计动手啦！

如果是一个大工程，可能需要让朋友们一起来测试哦！

测试就是对成果进行检测，看哪里还有不完善的地方，然后有针对性地进行修改。

建造完毕之后，事情还没有结束呢！紧接着就要开始工程学思维第六步——测试了！

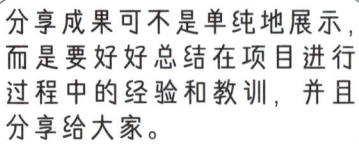

最后进入工程学思维第八步——分享成果!

分享成果可不是单纯地展示,而是要好好总结在项目进行过程中的经验和教训,并且分享给大家。

这样才能帮助自己和大家以后更顺利地开展其他项目。

工程学思维第七步——修改,也就是根据测试结果调整成果。

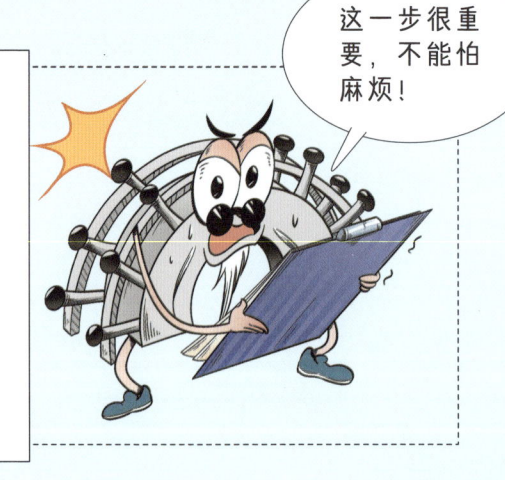

这一步很重要,不能怕麻烦!

掌握了工程学思维,以后遇到任何问题都可以解决啦!

工程学思维可以解决生活中的小事吗?

答 工程学思维是好用的思维工具,在很多项目的实施过程中都可以使用,就连办生日聚会、做旅行计划,甚至炒一道菜都能派上用场。比如你打算为家人炒一道西红柿炒鸡蛋,怎样炒才能好吃又符合家人口味呢?第一步,明确定义问题,你要做全家人都爱吃的西红柿炒鸡蛋。第二步,头脑风暴,想想爸爸妈妈爷爷奶奶分别喜欢什么口味?爸爸不喜欢吃酸,奶奶不吃甜,妈妈不喜欢重油重盐,爷爷喜欢吃鸡蛋。第三步,选择最佳策略,少放西红柿,多放鸡蛋,不放糖,少放油和盐。第四步,设计,西红柿用2个,鸡蛋放3个,盐1小勺,油1勺。第五步,实施,西红柿剥皮切块,鸡蛋打散,起锅烧油,菜炒起来。第六步,测试,菜出锅了,味淡不淡,鸡蛋有没有炒糊?第七步,趁还没开饭,赶紧改正不够好的地方。第八步,全家落座,共同品尝你的西红柿炒鸡蛋,获得全家好评,任务成功!

EXERCISE 章节小练

做你自己的 生物调查实验

一口气给你说了这么多种探究科学的方法,你掌握了没有呢?现在就是验证学习成果的时刻!下面是我特意给你准备的"填空题",你需要在括号中填上对应的"生物调查五步法"的步骤名称,也需要完善这个调查,完成属于你自己的生物调查实验。小小科学家,快动起来吧!

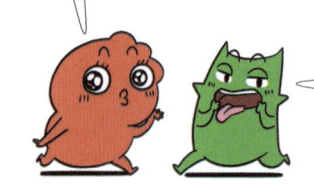

遗传物质能决定生物的各种外在表现,比如有的人是双眼皮,有的人是单眼皮。

有的人的舌头是尖尖的尖舌,而有的人的舌头是圆圆的圆舌。

1（　　　）

我不确定一个人的舌头形状是不是由遗传决定的……

2（　　　）

那就在查阅资料之后作出自己的假设吧!

3（　　　）

我假设_____。

4（　　　）

不如问问你家里其他人的舌头是什么形状的吧！

一定要把每个人的舌头形状记录下来哦！

家庭成员	我	爸爸	妈妈	爷爷	奶奶	姥爷	姥姥	直系兄弟	直系姐妹				
尖舌													
圆舌													

5（　　　）

可以在空白的部分填上其他家庭成员哦！

根据你的调查结果得出结论，舌头形状到底是不是由遗传决定的呢？

是

不是

第五章 改变世界的科学成果

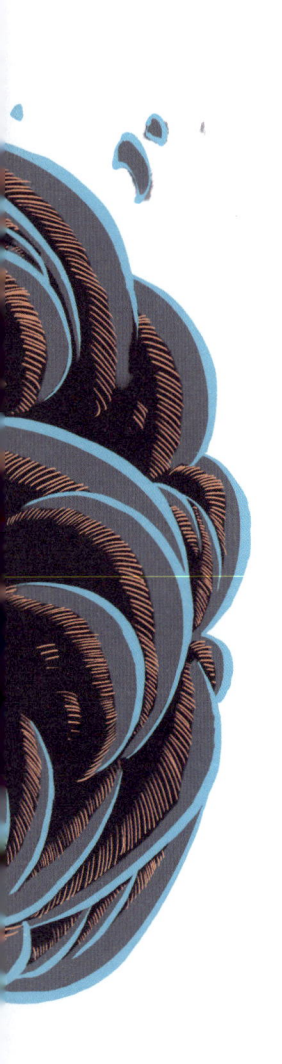

从科学之祖泰勒斯开始，经过几千年的发展，科学经历了从无到有、从基础到进阶、从"无用"到有用的转变。一开始，人们嘲笑泰勒斯只顾仰望天空，却忘记了脚下的路，导致自己摔进了坑里。而现在，所有人都知道科学技术是第一生产力，大家不仅重视基础的科学普及工作，还有了用科学撬起地球的愿望。对比之前，人们对待科学的态度可谓云泥之别，你知道这是为什么吗？

答案分为两个方面：一方面是因为人们通过科学全方位地重新认识了世界，而且这个认识与曾经的直觉、猜测有本质上的区别——这些认识可以被证明。曾经，人们看着远处的地平线判断地球是平的，而麦哲伦率领船队，通过环球航行证明了地球是圆的；曾经，人们坚信地球是宇宙的中心，整个宇宙都在围绕地球运转，而通过哥白尼、开普勒等多位科学家的共同努力，人们终于知道了真实的宇宙状态；曾经，人们以为燃烧是因为万物中都存在"燃素"，痴迷于把其他金属炼成黄金的炼金术，直到拉瓦锡通过燃烧实验证明了氧气才是燃烧的关键，打开了化学的大门……这样的例子我能说一整天！另一方面是因为科学已经彻底改变了人们的生活，甚至帮助人们对世界进行了改造，使一切都朝着最方便、最高效的方向前行。古代人出远门动辄数月，甚至数年，与亲人长时间失去联络是常有的事，而现在，我们有高铁、飞机等便捷的交通工具，上千里的路程一天就能来回，手机和网络的普及更是让我们可以随时与所有人保持联络；古代经常发生饥荒，人们时常会吃不饱、穿不暖，而现在，我们有产量高又有营养的杂交水稻，有品种更加优良的育种蔬果，还有因为畜牧业、造船业、捕鱼技术的更迭而带来的种类更丰富的肉类食物，我们不再陷入饥荒，反而更需要避免浪费；古代人受限于医学的发展，很多疾病都找不到源头，面对大型传染病更是束手无策，曾经大肆流行的霍乱、天花等烈性传染病，不知葬送了多少人的生命，而现在，面对新出现的病毒，我们可以迅速分离毒株、研发疫苗；得益于通信和网络等技术的发展，我们还可以全民配合防疫，将因病丧生的人数降到最低；随着医学技术的提高，人们的平均寿命也在逐渐增加……享受着这一切便利的我们，又怎么能不相信科学、感谢科学呢？

研究科学不是目的，帮助人们认识世界、改造世界才是科学的最终目的。现在，就跟我一起去科学世界的一隅走一走吧！

很久以前，学者们就在思考一个问题：物质是由什么构成的？他们提出了一个构想，认为物质是由肉眼看不到的微小粒子构成的。后来，这个构想被证实了。世界的确是由微粒构成的。那么什么是微粒？比如……

大家好，我叫分子！

我是一种微粒，是很小很小的小不点儿。

我太小了，通常你是看不见我的。

Day1 发现世界的本源

分子很小，而通过一些先进的科学仪器可以清楚地看到它们。

在你周围的东西里，几乎都可以找到我。
我们的眼睛虽然看不到分子,但它们却无处不在。
生活中常见的水，就是由无数的水分子构成的。
我们呼吸的空气里，有许多不同的气体分子。

但分子还不是最小的微粒,大多数分子是由原子构成的。有一些分子,由同一种原子构成。

我们每天呼吸的空气中,1个氧分子就是由2个氧原子构成的。

1个水分子是由1个氧原子和2个氢原子构成的。

大多数的分子,由两种或者更多种的原子构成。

如果把原子和乒乓球相比,就相当于把乒乓球和地球相比。

在化学中，原子已经不能再分了，但实际上，原子是由更小的粒子组成的。原子的中心是原子核。

原子核由两种小粒子构成，分别是质子和中子。

质子

中子

在原子核的外围，还有更小的电子，它们绕着原子核不停地运动。

电子

现在，我们可以负责任地说，世界是由微粒组成的！

不安分的分子

微粒世界不可见,但这个世界的很多现象其实都是微粒在"捣乱",因为分子很不安分,一有机会,它就做毫无规则的运动。

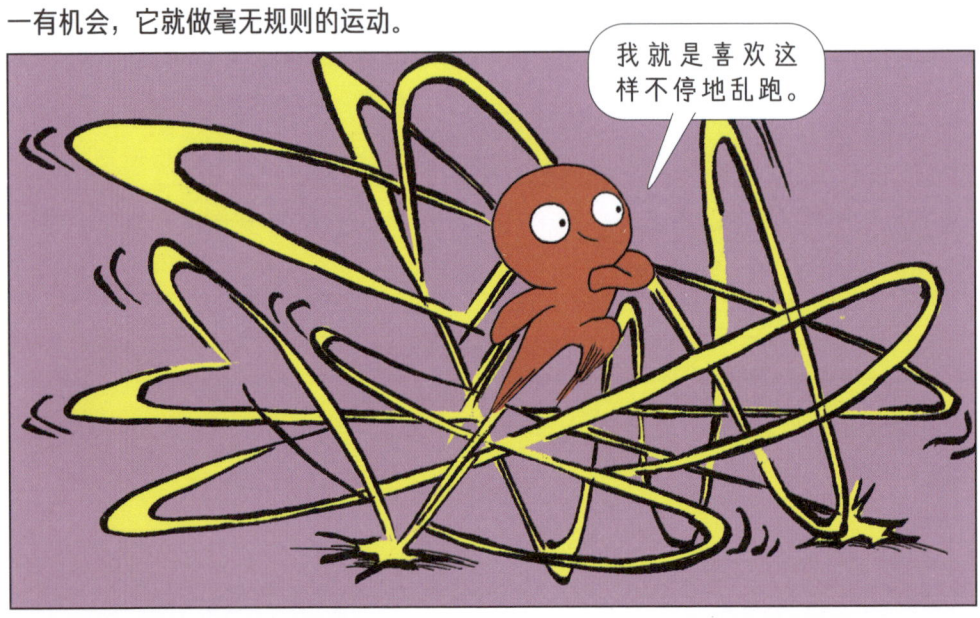

我就是喜欢这样不停地乱跑。

分子的运动,你可以"闻到"。

香味分子通过运动进入空气,然后被人吸进鼻子里!

当你走过花园,闻到花香,就是因为分子在运动。

糖块放进一杯水里,糖分子分布在水中,水就会变甜!这也是分子运动的结果。

分子的运动,你可以"尝到"。

湿衣服挂起来会慢慢变干，也是由于分子在不停地运动。
衣服中的水分子一点点跑了出去，衣服就变干了。
分子的运动，你可以“感受”到。

分子的运动，你甚至还能“看到”。
来做一个小小的品红实验。
这个烧杯里装的是普通的水。
这个试剂瓶中装的是常用的化学试剂品红。
往烧杯中加入少量的品红。
注：品红是一种红色染料。

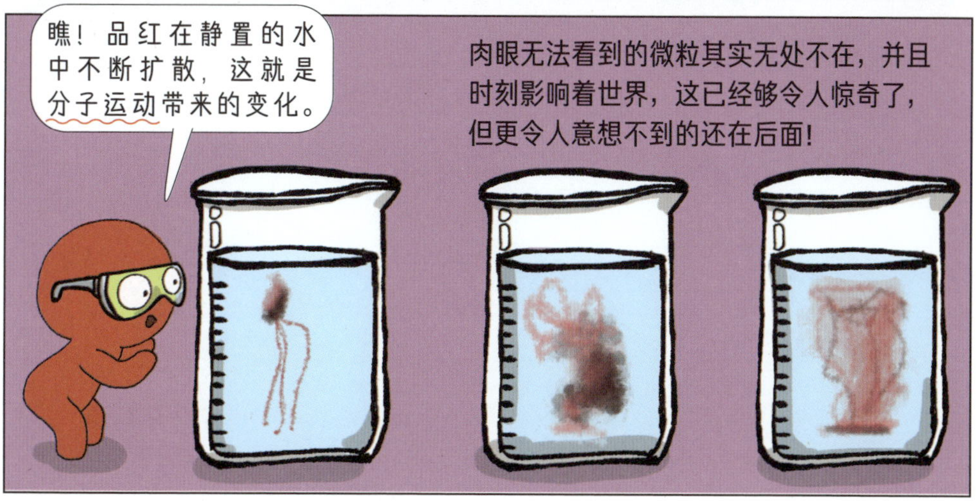
瞧！品红在静置的水中不断扩散，这就是分子运动带来的变化。
肉眼无法看到的微粒其实无处不在，并且时刻影响着世界，这已经够令人惊奇了，但更令人意想不到的还在后面！

宇宙诞生之初

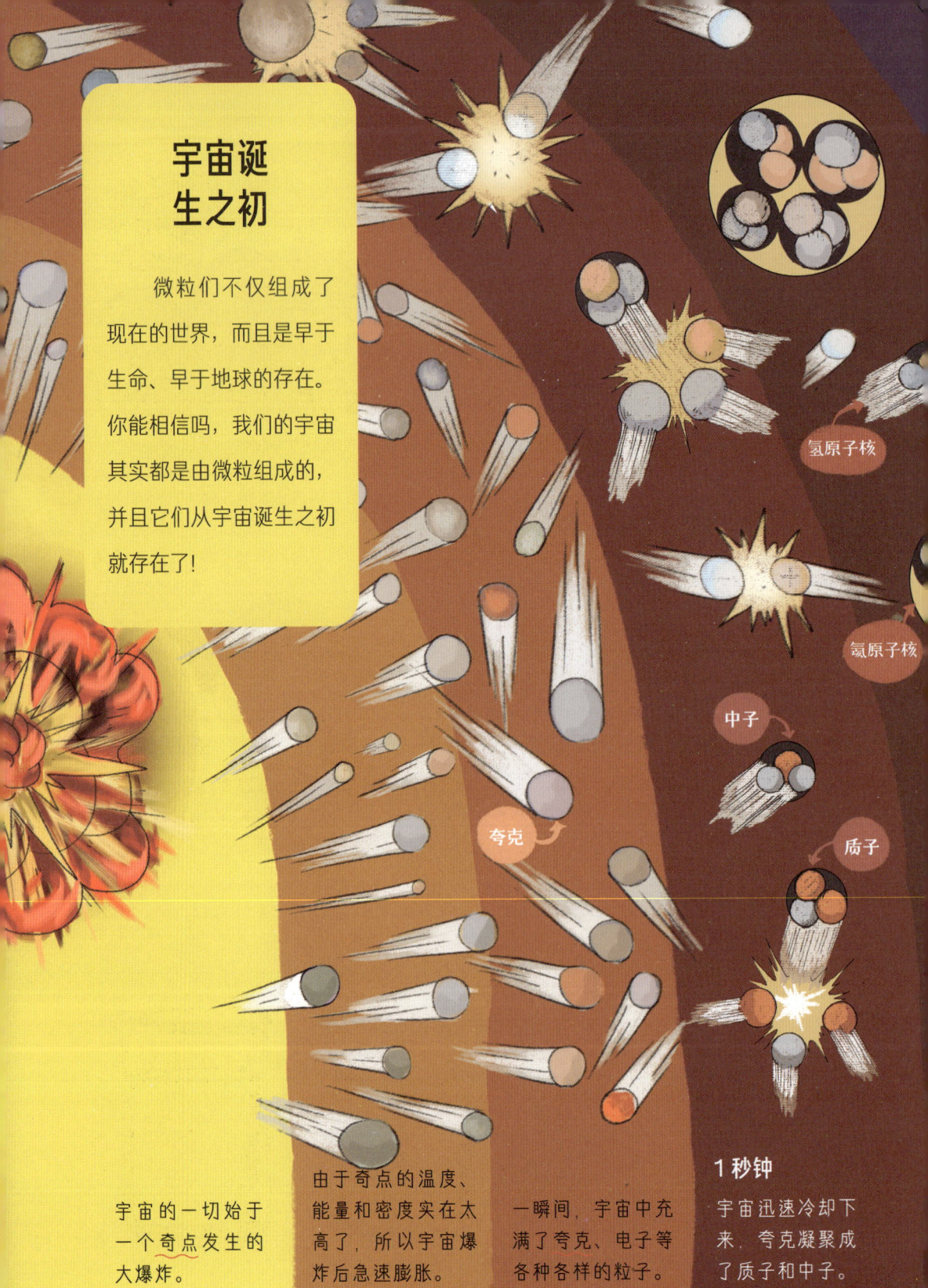

微粒们不仅组成了现在的世界，而且是早于生命、早于地球的存在。你能相信吗，我们的宇宙其实都是由微粒组成的，并且它们从宇宙诞生之初就存在了！

氦原子核

氢原子核

中子

夸克

质子

1秒钟
宇宙迅速冷却下来，夸克凝聚成了质子和中子。

一瞬间，宇宙中充满了夸克、电子等各种各样的粒子。

由于奇点的温度、能量和密度实在太高了，所以宇宙爆炸后急速膨胀。

宇宙的一切始于一个奇点发生的大爆炸。

氢原子

旋涡星系

黑洞

氢原子

电子

原星系

大质量恒星

太阳系

3 分钟
质子和中子聚在一起，形成了原子核。当时宇宙中充斥的是氢原子核和氦原子核。

30 万年
电子加入进来后，终于形成了原子，主要是氢原子和氦原子。

4 亿年
4 亿年后，在引力的作用下，氢原子和氦原子开始聚集在一起，从而形成了原始的恒星和星系。

138 亿年
又经过上百亿年的演变，宇宙才成为现在的样子。

125

Day2 发现身边的科学成果

只是与微粒相关的科学成果，就让我说了这么久，可见科学成果真的很丰富。现在不妨把关注点拉回到我们身边，一起看看身边有哪些科学成果。

烧水的时候，电热水壶总是会在烧开的一瞬间自动断电。这是为什么呢？又是怎么做到的呢？

电热水壶能够在把水烧开的同时自动断电，是因为安装了"双保险"。

第一重保险，就是位于电热水壶顶部的蒸汽开关。水烧开以后，滚烫的蒸汽会使蒸汽开关中的金属片变形，变形后的金属片可以切断电源，从而促使电热水壶停止加热。

在电热水壶的底端，有一圈合金材料制成的高电阻加热盘，当电流通过时，加热盘会散发出很多热量，让水在短时间内沸腾起来。

温控器

电热水壶的第二重保险，就是隐藏在水壶底部的温控器。当加热盘的温度超过100℃，但蒸汽开关还没有断开的时候，温控器就会自动断开，切断电源，防止电热水壶被高温烧坏。

随着科技的发展，我们生活中已经充斥着各种各样的"热机"。不过，热机可不是轻易就能被你发现的。找找看，热机隐藏在我们生活中的哪些角落里呢？

通过燃烧燃料获得机械能的机器，叫作热机。

飞机、火箭、汽车和摩托车的发动机都是热机。

我的肚子里藏着发动机的秘密哦！

虽然水壶中的蒸汽把壶盖顶开了，但是壶里的水蒸气内能太小了，不足以成为动力，所以水壶不是热机。

Day3 认识世界和改造世界

科学发展到现在，取得的成果有大也有小，你不仅可以在身边发现影响我们生活的科学成果，也能从课本上、博物馆里看到更多、更前沿的技术，而这些技术正改造着这个世界。

在化学世界，原子不能再分，但是在物理世界，不仅原子可以组合和分离，原子核也可以，而且它们还会迸发出难以想象的超级能量——核能。

几个原子核组合在一起，形成新的原子核，叫作核聚变。核聚变需要非常严格的外界条件（比如超高的温度和超高的压力），并且只能由质量较小的原子核合成质量较大的原子核。在核聚变的过程中，原子核的碰撞会释放出大量的电子和中子，以及巨大的能量。

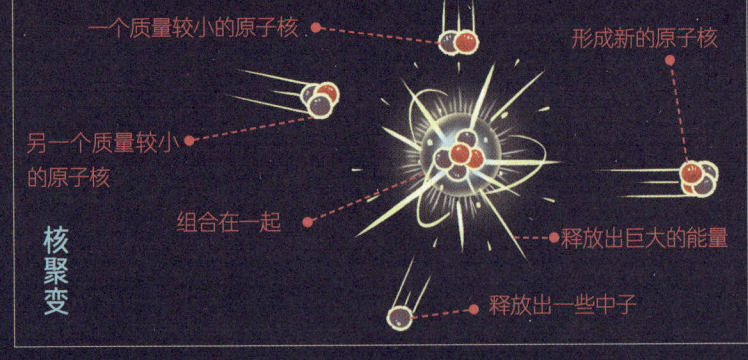

核裂变
- 移动的中子遇到质量较大的原子核
- 原子核体积变大
- 被中子击中后分裂
- 形成两个新原子核
- 释放出一些中子
- 释放出巨大的能量

核聚变
- 一个质量较小的原子核
- 另一个质量较小的原子核
- 组合在一起
- 形成新的原子核
- 释放出巨大的能量
- 释放出一些中子

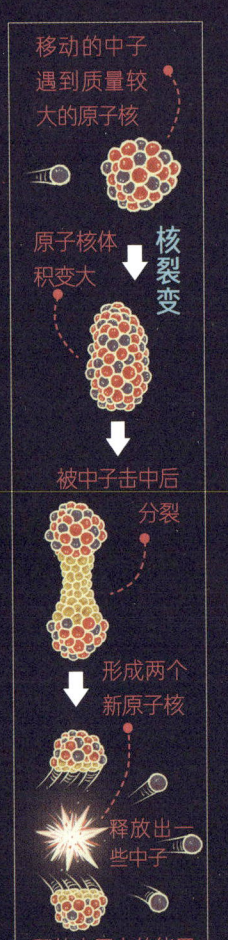

一个原子核分裂成两个或多个新的原子核，叫作核裂变。进行核裂变的条件没有核聚变那么苛刻，只需要发生裂变的原料大于一定的体积，而且只能由质量比较大的原子核裂变为质量比较小的原子核。在核裂变过程中，原子核的分裂会释放出几个中子和巨大的能量。

不管是核聚变还是核裂变，都会释放出巨大的能量，对这些能量加以利用，就给我们带来了一种新的能源——核能。核电站就是利用核能的一种形式：用核能来发电。

除此之外，人们最早对核能的利用其实是我们熟知的核武器——原子弹和氢弹。其中，原子弹利用的是核裂变，氢弹利用的是核聚变。这就是原子弹和氢弹的区别。

130

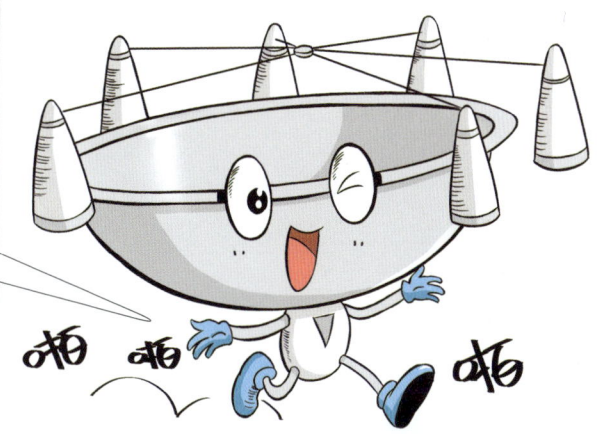

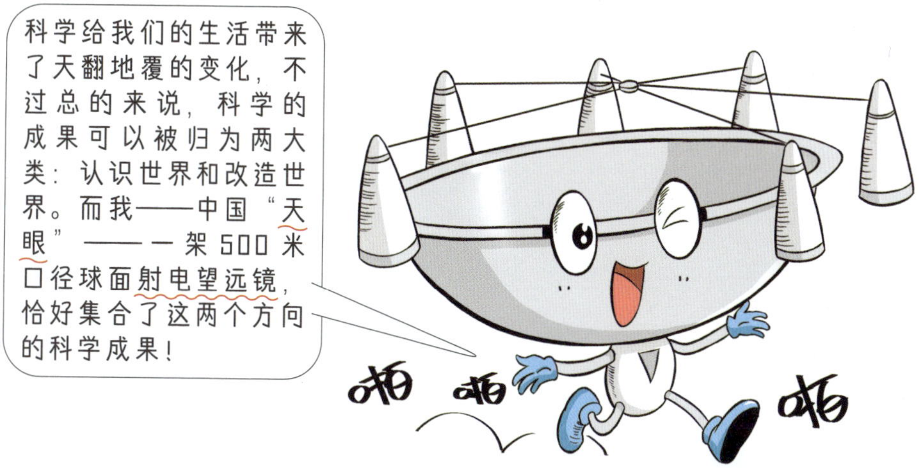

科学给我们的生活带来了天翻地覆的变化，不过总的来说，科学的成果可以被归为两大类：认识世界和改造世界。而我——中国"天眼"——一架500米口径球面射电望远镜，恰好集合了这两个方向的科学成果！

天眼成就表

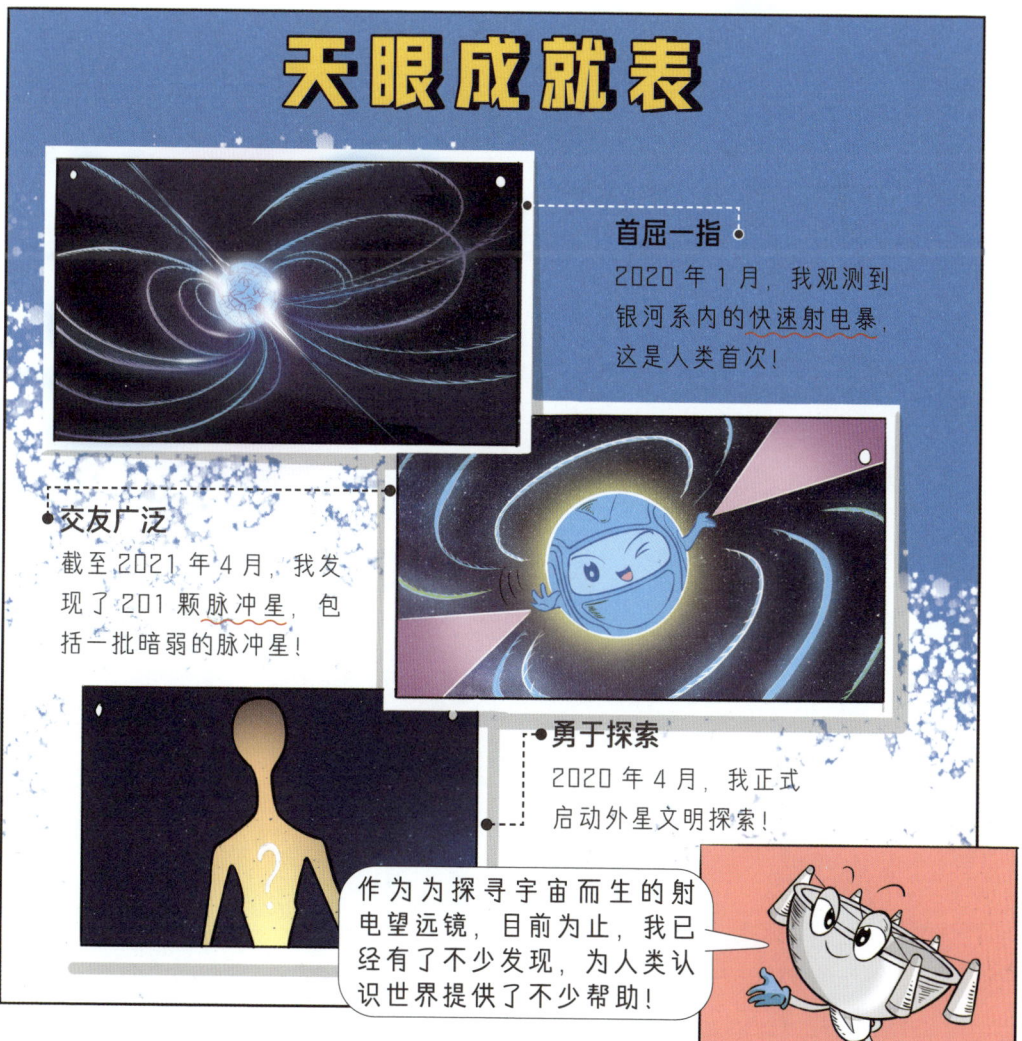

首屈一指
2020年1月，我观测到银河系内的快速射电暴，这是人类首次！

交友广泛
截至2021年4月，我发现了201颗脉冲星，包括一批暗弱的脉冲星！

勇于探索
2020年4月，我正式启动外星文明探索！

作为为探寻宇宙而生的射电望远镜，目前为止，我已经有了不少发现，为人类认识世界提供了不少帮助！

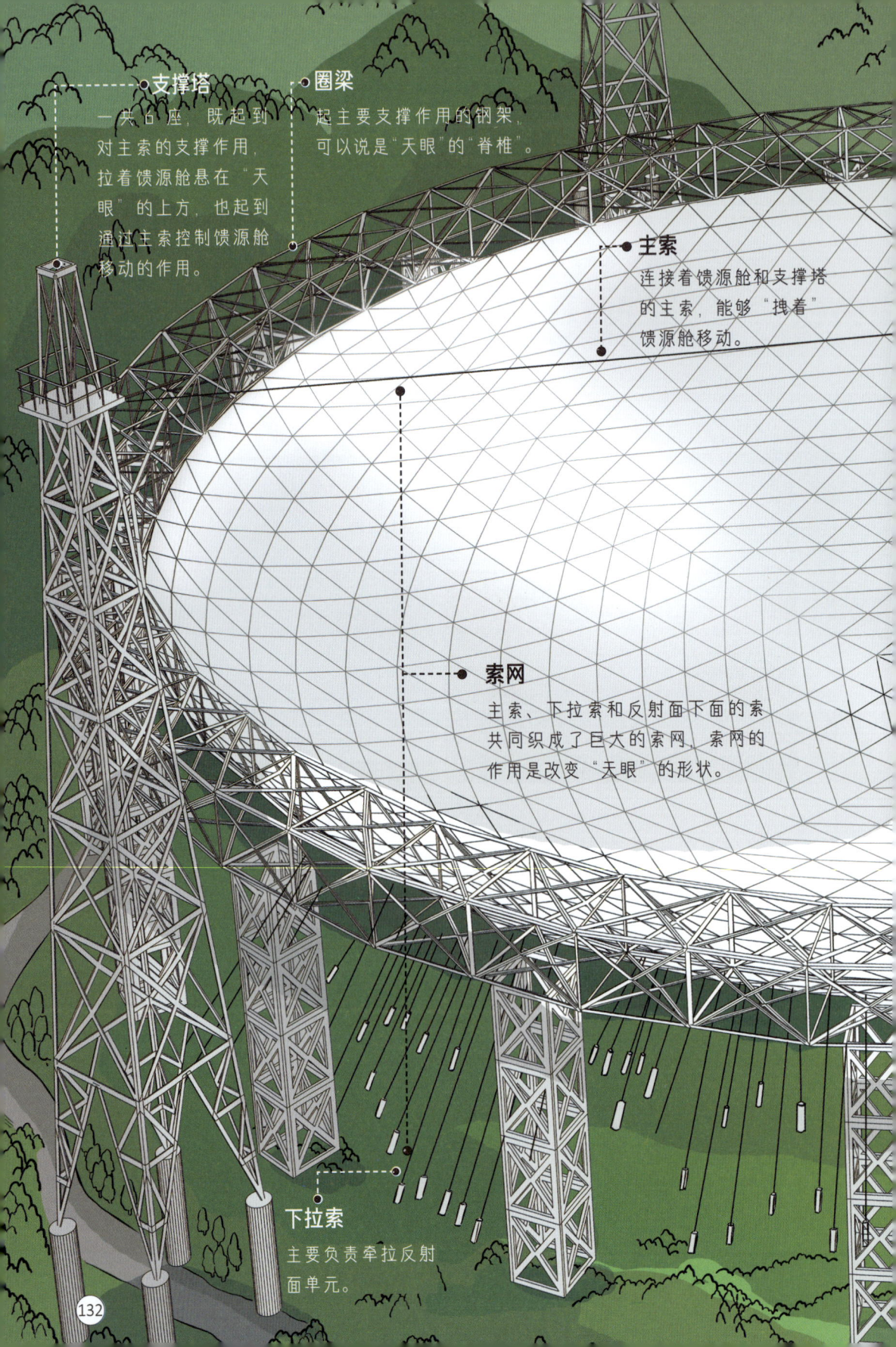

支撑塔
一共6座,既起到对主索的支撑作用,拉着馈源舱悬在"天眼"的上方,也起到通过主索控制馈源舱移动的作用。

圈梁
起主要支撑作用的钢架,可以说是"天眼"的"脊椎"。

主索
连接着馈源舱和支撑塔的主索,能够"拽着"馈源舱移动。

索网
主索、下拉索和反射面下面的索共同织成了巨大的索网,索网的作用是改变"天眼"的形状。

下拉索
主要负责牵拉反射面单元。

馈源舱

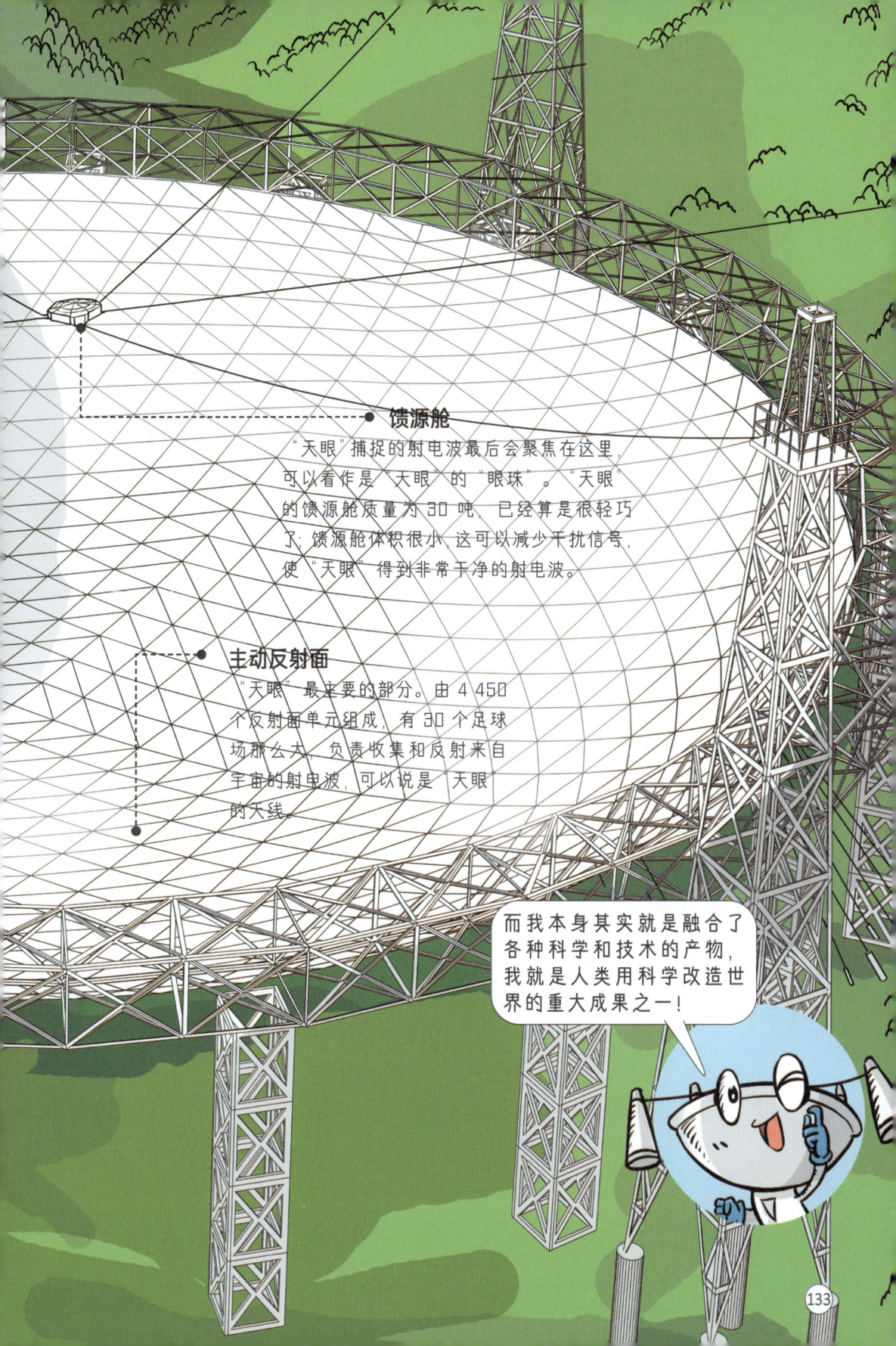

"天眼"捕捉的射电波最后会聚焦在这里，可以看作是"天眼"的"眼球"。"天眼"的馈源舱质量为30吨，已经算是很轻巧了。馈源舱体积很小，这可以减少干扰信号，使"天眼"得到非常干净的射电波。

主动反射面

"天眼"最重要的部分。由4 450个反射面单元组成，有30个足球场那么大，负责收集和反射来自宇宙的射电波，可以说是"天眼"的天线。

而我本身其实就是融合了各种科学和技术的产物，我就是人类用科学改造世界的重大成果之一！

Day4 科学成果无处不在

科学迅速发展的历史并不悠久，但为什么科学可以迅速"称霸世界"呢？

这个问题不好回答，但在我们身边，刚好有一种事物与科学的发展脉络十分接近，那就是计算机。也许我们可以从计算机的历史中见微知著，类推出科学迅速发展的内在逻辑。

1 张羊皮 = 50 个野果
5 个鸡蛋 = 1 条鱼

人类从很早的时候就开始以物易物，而这也推动了数学的发展——人们开始计算。

随着社会发展，需要计算的东西越来越多，问题越来越复杂。

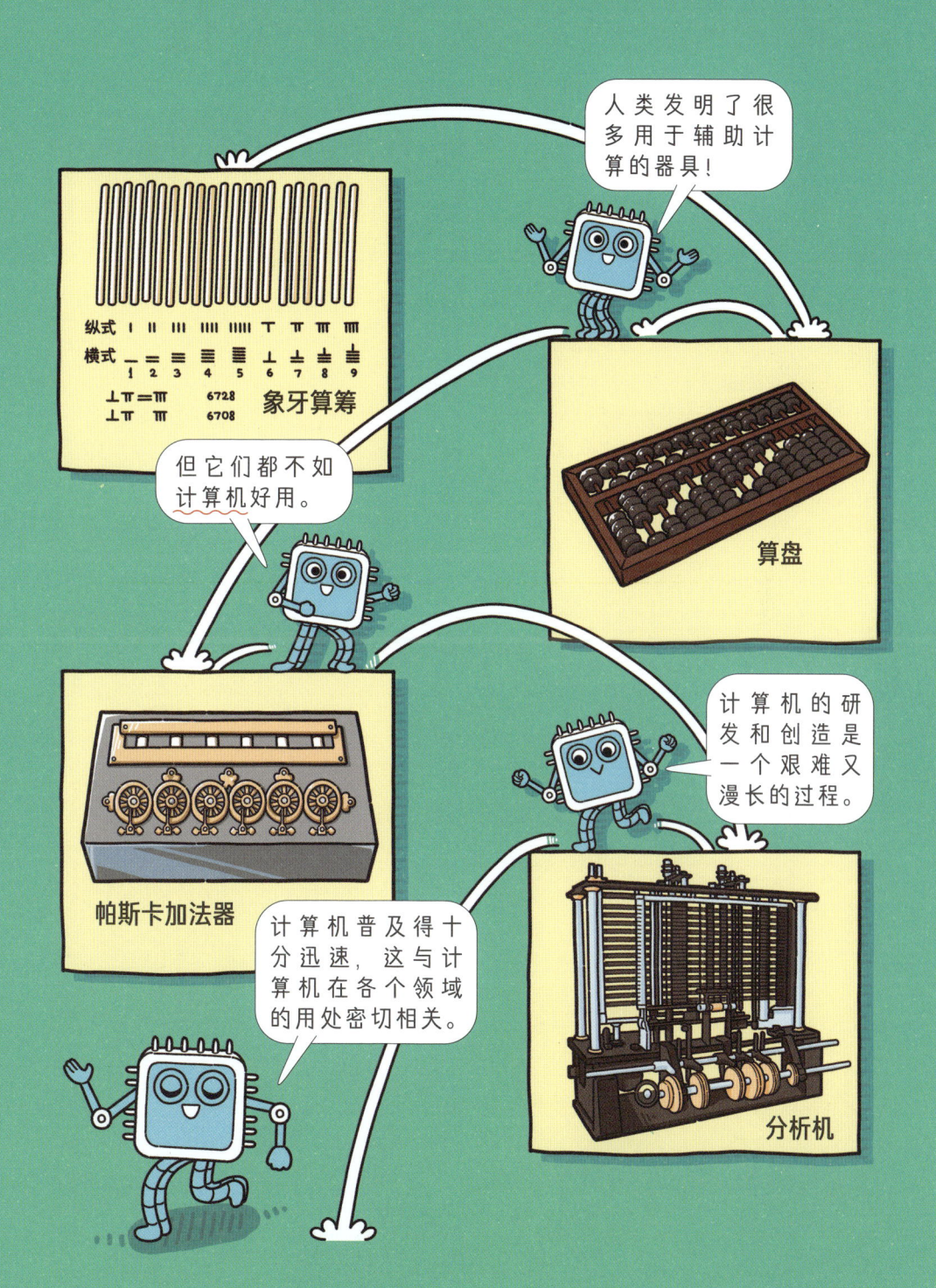

人类发明了很多用于辅助计算的器具！

纵式 | || ||| |||| ||||| 丅 丅| 丅|| 丅|||
横式 — = ≡ ≣ ≣ ⊥ ⊥ ≟ ≣
　　 1 2 3 4 5 6 7 8 9
⊥丅=Ⅲ　6728
丅Ⅲ　Ⅲ　6708
象牙算筹

算盘

但它们都不如计算机好用。

帕斯卡加法器

计算机的研发和创造是一个艰难又漫长的过程。

计算机普及得十分迅速，这与计算机在各个领域的用处密切相关。

分析机

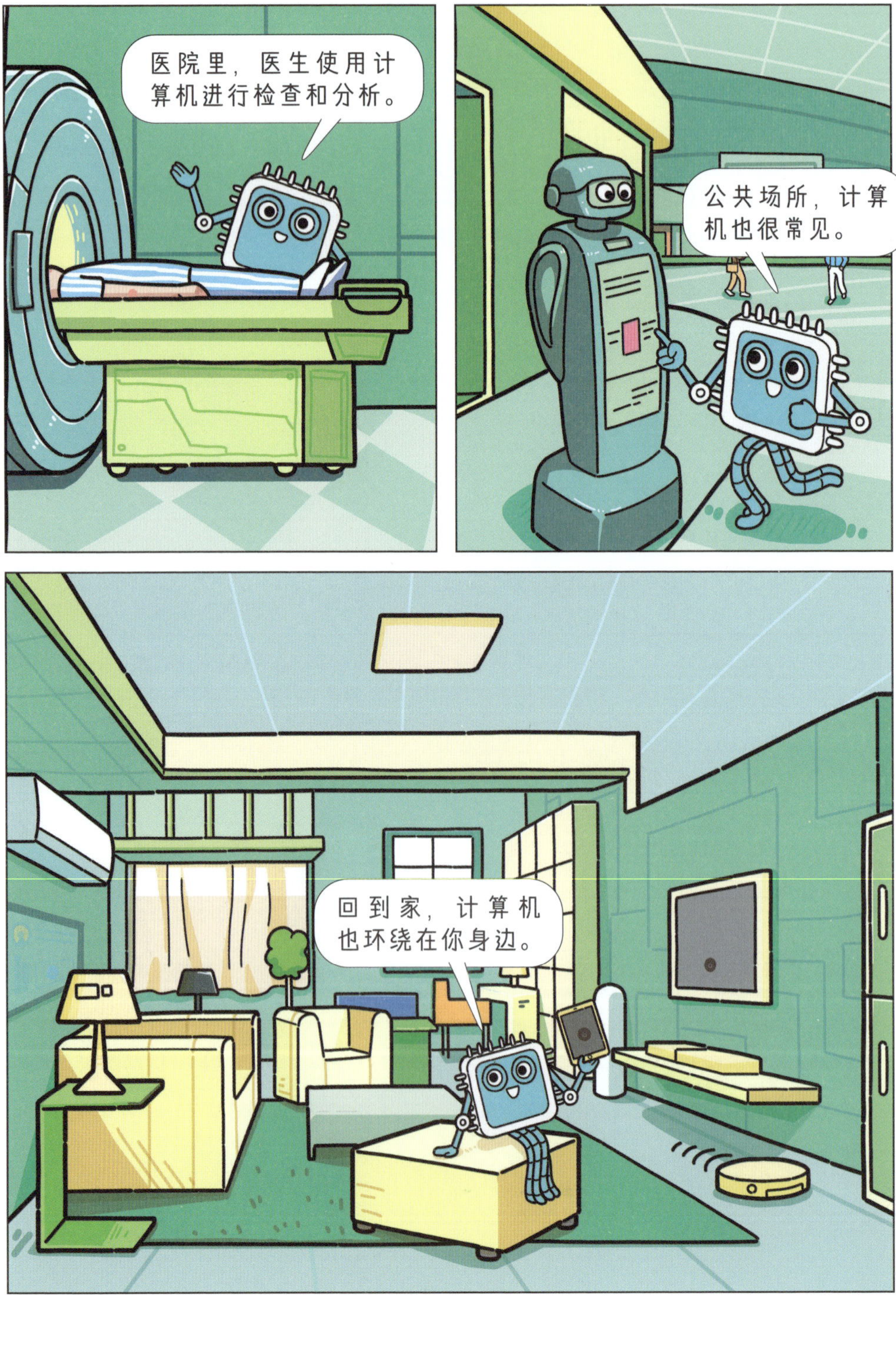
医院里，医生使用计算机进行检查和分析。
公共场所，计算机也很常见。
回到家，计算机也环绕在你身边。

绘制漫画

编写脚本

数字印刷

电商上架

库房录入

书名：这就是计算机

就连你们看到的这本漫画书，

它生产的每一步也都离不开计算机！

Day5 科学发展为我们带来了什么

科学帮我们发现、创造了各种保暖材料，使冬天不再寒冷。

科学使我们不用再担心温饱问题！

科学使服饰更加多样，使穿衣超出了护体的范畴，给我们的穿搭提供了更多选择。

科学还带来了有特殊功能的食物，帮助人们活得更健康！

衣

食

答 认识世界，一方面可以满足人们天然的好奇心，另一方面可以帮助我们更好地了解这个世界、研究世界的规律，从而加以利用，实现改造世界的目的，让我们的生活变得更好。科学带来的改变不胜枚举，但我们可以从几个方面稍作总结，看看科学发展了这么多年，都为我们带来了什么。

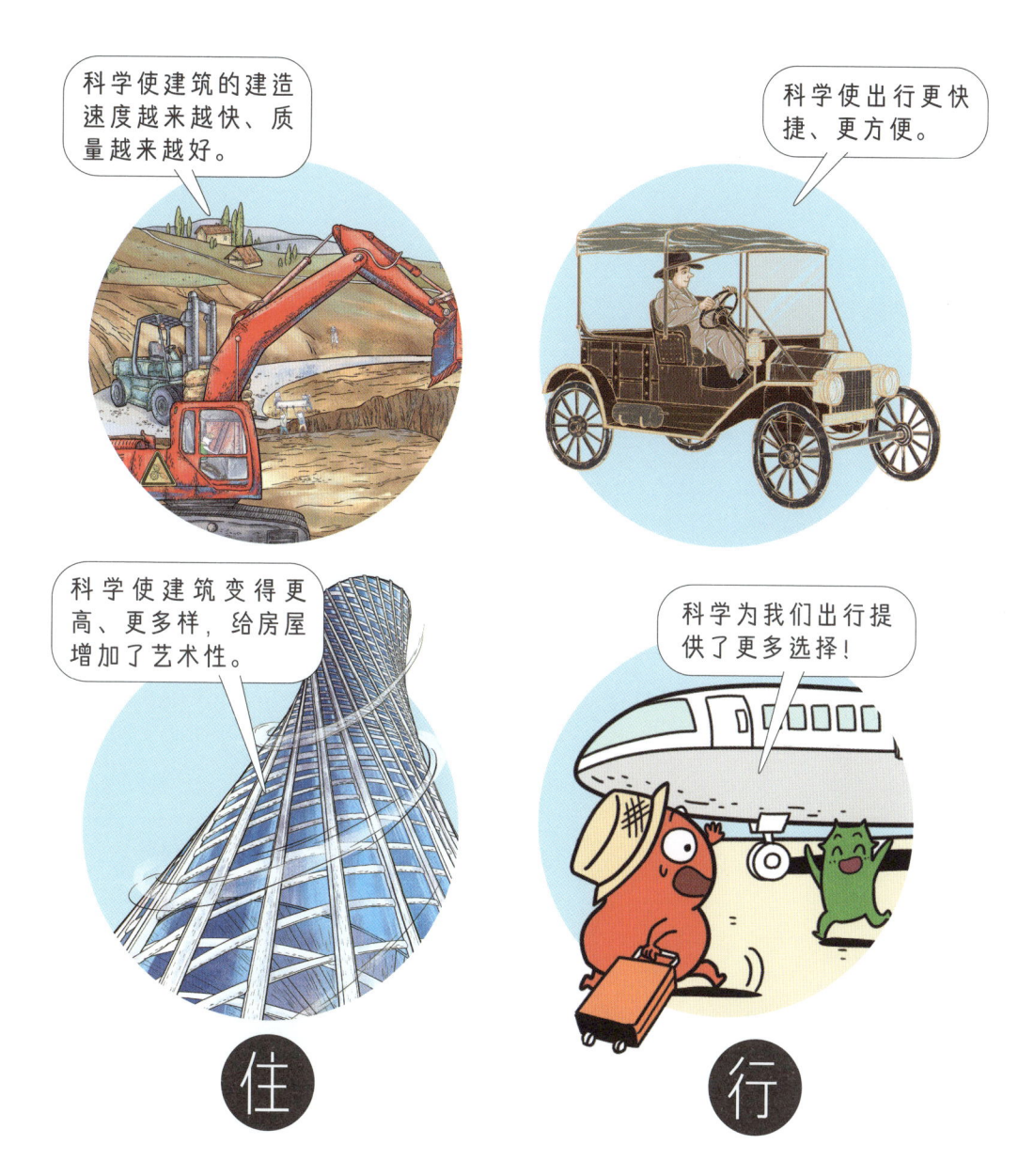

科学使建筑的建造速度越来越快、质量越来越好。

科学使出行更快捷、更方便。

科学使建筑变得更高、更多样，给房屋增加了艺术性。

科学为我们出行提供了更多选择！

住

行

章节小练 EXERCISE

选一选

01 在化学世界中，（ ）不可再分，但在物理世界中可以继续细分。

A. 原子

B. 分子

C. 电子

九年级 化学

02 几个原子核组合在一起，形成新的原子核，叫作（ ）。

A. 核辐射

B. 核裂变

C. 核聚变

九年级 科学

03 通过燃烧燃料，将燃料的内能转化为机械能的机器，叫作（ ）。

A. 发动机

B. 热机

C. 内燃机

九年级 物理

04 分子运动的快慢和 _____ 有关。

05 一个原子核分裂成两个或多个新原子核的过程叫 _____ 。

九年级 科学

06 核聚变和核裂变会伴随着巨大的能量,这种能量就是 _____ 。

九年级 科学

07 2020 年 1 月,人类首次观测到银河系内的快速射电暴,这是由 _____ 观测到的。

填一填

后记

读完了这本书,你是不是收获了很多知识,也认识了很多我们熟悉或者不熟悉的科学家?你脑海中的科学思维是不是已经逐渐清晰了起来?这个过程有没有你想象的那么困难?

其实,在充斥着科学踪影的日常生活中,科学思维已经在潜移默化地影响着我们的行动了。你可能会发现,有人解决问题时喜欢分析许多条件,有人和别人交谈时也很善于捕捉对话中的信息,这些人其实都是在用科学思维来处理问题,而在观察中的你,其实也已经在悄悄地使用科学思维了。

生活中还有很多场所,还有很多问题,它们都在等着你带着自己的好奇心去发现、去思考。还等什么,快出发吧!

答案

第一章 发现生活中的科学

1. B
2. A
3. C
4. C
5. 大,小
6. 膨胀,收缩

第二章 像科学家那样思考

1. B
2. A
3. C
4. A
5. 理性思考
6. 三棱镜
7. 麦哲伦

第三章 养成好的科学态度

1.C　2.C
3. 助推器　　　4. 大数据
5. 网络平台了解消费者的消费习惯后，会把某些优惠悄悄取消，这就是大数据"杀熟"。
6. 包括但不限于：积极配合垃圾分类、节约用水、节约用电、绿色出行……

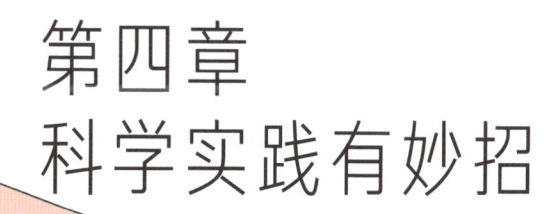

第四章 科学实践有妙招

1. 观察现象　　4. 实验验证（询问调查）
2. 提出问题　　5. 得出结论
3. 作出假设

第五章 改变世界的科学成果

1.A
2.C
3.B
4. 温度
5. 核裂变
6. 核能
7. 中国"天眼"

作者团队

米莱童书 | 米莱童书

米莱童书是由国内多位资深童书编辑、插画家组成的原创童书研发平台。旗下作品曾获得2019年度"中国好书",2019、2020年度"桂冠童书"等荣誉;创作内容多次入选"原动力"中国原创动漫出版扶持计划。作为中国新闻出版业科技与标准重点实验室(跨领域综合方向)授牌的中国青少年科普内容研发与推广基地,米莱童书一贯致力于对传统童书进行内容与形式的升级迭代,开发一流原创童书作品,适应当代中国家庭更高的阅读与学习需求。

策 划 人: 韩茹冰
统筹编辑: 韩茹冰
原创编辑: 王晓北　李嘉琦　陶　然　张秀婷　王　佩　孙国祎
　　　　　　雷　航
装帧设计: 刘雅宁　张立佳　汪芝灵　胡梦雪　马司文

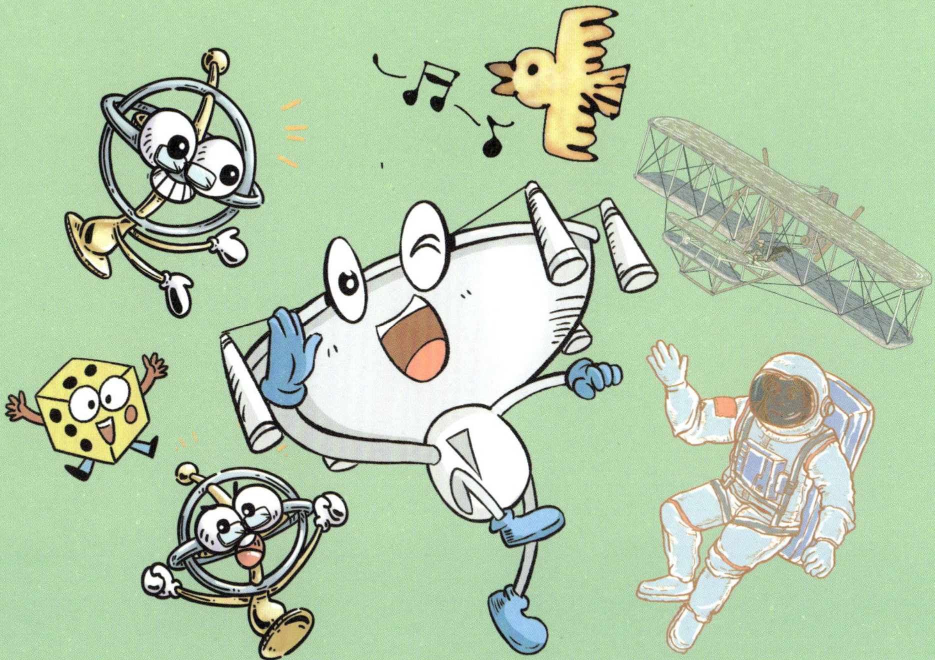